新形态教材

遗传学实验

（第4版）

乔守怡　皮妍　郭滨　编

中国教育出版传媒集团
高等教育出版社·北京

内容简介

本书保持了第3版经典与前沿相结合、实验技术全面的遗传学实验体系,并强调遗传分析能力训练的教学理念。本次修订不仅增加了一些新的实验,还对原有的实验和编排目录进行了调整:(1)实验内容按研究对象进行模块化分类编排,分为细胞遗传实验、果蝇遗传实验、微生物遗传实验、植物遗传实验、人类遗传实验、分子遗传实验和交叉应用实验7个模块。(2)删除目前遗传学实验教学不再开设的实验,如染色体分化染色技术、啤酒酵母菌营养缺陷型菌株的筛选等。(3)结合遗传学科实验技术发展特点,较大幅度丰富、扩充了分子遗传学实验模块,新增基因组DNA的提取、目的基因的PCR扩增实验等;在交叉应用实验模块新增CRISPR/Cas9敲除实验和微流控荧光光谱检测实验。(4)为满足不同高校教学的不同需求,便于实验教学的开展和学生自学,补充细化实验内容。全书共36个实验,各校可根据具体情况酌情选择开设。

图书在版编目(CIP)数据

遗传学实验 / 乔守怡,皮妍,郭滨编. --4版. --北京:高等教育出版社,2023.9
ISBN 978-7-04-060932-5

Ⅰ.①遗… Ⅱ.①乔… ②皮… ③郭… Ⅲ.①遗传学-实验-高等学校-教材 Ⅳ.①Q3-33

中国国家版本馆CIP数据核字(2023)第143799号

Yichuanxue Shiyan

策划编辑 王 莉　　责任编辑 赵君怡　　封面设计 王凌波　　责任印制 田 甜

出版发行 高等教育出版社
社 址 北京市西城区德外大街4号
邮政编码 100120
印 刷 涿州市京南印刷厂
开 本 787mm×1092mm 1/16
印 张 11.25
字 数 260千字
购书热线 010-58581118
咨询电话 400-810-0598
网 址 http://www.hep.edu.cn
http://www.hep.com.cn
网上订购 http://www.hepmall.com.cn
http://www.hepmall.com
http://www.hepmall.cn
版 次 1979年10月第1版
2023年9月第4版
印 次 2023年12月第2次印刷
定 价 26.00元

物 料 号 60932-00

数字课程（基础版）

遗传学实验

（第 4 版）

乔守怡　皮妍　郭滨　编

登录方法：

1. 电脑访问 http://abooks.hep.com.cn/60932，或手机微信扫描下方二维码以打开新形态教材小程序。
2. 注册并登录，进入“个人中心”。
3. 刮开封底数字课程账号涂层，手动输入 20 位密码或通过小程序扫描二维码，完成防伪码绑定。
4. 绑定成功后，即可开始本数字课程的学习。

绑定后一年为数字课程使用有效期。如有使用问题，请点击页面下方的“答疑”按钮。

关于我们 | 联系我们　登录/注册

遗传学实验（第 4 版）

乔守怡　皮妍　郭滨

开始学习　收藏

本数字课程提供了《遗传学实验》（第 4 版）部分实验的讲解视频、操作视频和拓展阅读资料，为教师备课和学生课前预习、课后复习提供参考。

http://abooks.hep.com.cn/60932

扫描二维码，打开小程序

前　言

刘祖洞和江绍慧先生主编的《遗传学实验》自 1979 年出版以来，一直是各高校为契合遗传学教学选用的实验教材之一。2015 年第 3 版出版后的 8 年时间中，也一直在实验教学中发挥着重要的作用。

随着遗传学科的飞速发展，且不断与其他学科的交叉渗透，促进了现代分子遗传学实验技术的不断更新，也对现代遗传学人才提出了更高的要求。为了更好地满足遗传学实验教学的新需求，我们对该教材进行了第 3 次修订。

本次再版，不仅增加了一些新的内容、新的实验，还对原有的实验和编排目录进行了较大调整。修订工作主要有：(1) 实验内容按研究对象进行模块化分类编排，分为细胞遗传实验、果蝇遗传实验、微生物遗传实验、植物遗传实验、人类遗传实验、分子遗传实验和交叉应用实验 7 个模块。(2) 删除几个目前遗传学实验教学不再开设的实验，如染色体分化染色技术、啤酒酵母菌营养缺陷型菌株的筛选、植物细胞的脱分化和分化培养等。(3) 结合遗传学科实验技术发展特点，较大幅度丰富、扩充了分子遗传学实验模块，新增基因组 DNA 的提取、目的基因的 PCR 扩增实验等；在交叉应用实验模块新增 CRISPR/Cas9 敲除实验和微流控荧光光谱检测实验。(4) 为了满足不同高校教学的不同需求，便于实验教学的开展和学生自学，进一步补充细化实验内容。如质粒抽提实验补充了试剂盒抽提方法范例；新增的基因组 DNA 的提取实验，涵盖了植物组织基因组、细菌基因组和哺乳动物细胞基因组的提取方法等；此外，还丰富扩充了附录内容，将一些实验中的关键步骤进行单独的细化和补充。

全书的整体风格依然保持了原版经典与前沿相结合、实验技术全面的遗传学实验体系，并注重强调遗传分析能力训练的教学理念。

由于实验受多种条件的影响，本书编写过程中难免有疏漏之处。读者在使用过程中如发现有欠妥或需要修改和补充的地方，欢迎批评指正。

编　者

2023 年 2 月

目　　录

细胞遗传实验模块

果蝇遗传实验模块

微生物遗传实验模块

植物遗传实验模块

人类遗传实验模块

分子遗传实验模块

交叉应用实验模块

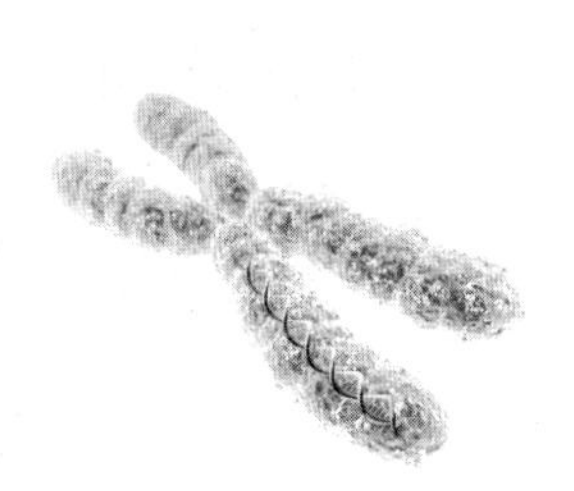

实验 1

减数分裂的观察

一、实验原理

减数分裂是一种特殊方式的细胞分裂，仅在配子形成过程中发生。这一过程的特点是：连续进行两次核分裂，而染色体只复制一次，结果形成4个核，每个核只含单倍数的染色体，即染色体数减少一半，所以称作减数分裂。另外一个特点是前期特别长，而且变化复杂，包括同源染色体的配对、交换与分离等。

二、实验目的

1. 了解动、植物的生殖细胞的形成过程。
2. 掌握制片方法。

三、实验材料

蚕豆（*Vicia faba*）花蕾，短角斑腿蝗（*Catantops brachycerus*）精巢。

四、实验器具和试剂

1. 用具

镊子，解剖针，载玻片，盖玻片，大培养皿，立式染缸，酒精灯，量筒，吸水纸，显微镜。

2. 试剂

无水乙醇，无水乙酸，洋红（carmine），甘油，松香石蜡。

Carnoy 固定液：无水乙醇3份，无水乙酸1份。

乙酸洋红：45%乙酸100 mL，加洋红1 g，煮沸（沸腾时间不超过30 s），冷却后过滤即成。也可以再加1%～2%铁明矾水溶液5～10滴，色更暗红。

封蜡：用等量的松香（balsam）和52℃石蜡加热混合而成，所以又称松香石蜡。

五、实验说明

在植物花粉形成过程中，花药内的一些细胞分化成小孢子母细胞（$2n$），每个小孢子母细胞进行两次连续的细胞分裂（第一次减数分裂和第二次减数分裂）。每一小孢子母细胞产生4个子细胞，每个子细胞就是一个小孢子。小孢子内的染色体数目是体细胞的一半（图1–1）。

在动物的有性生殖过程中，也有一个由双倍体到单倍体的减数过程。动物的精巢分化出精母细胞，精母细胞减数分裂，形成单倍染色体的精子（图1–1）。

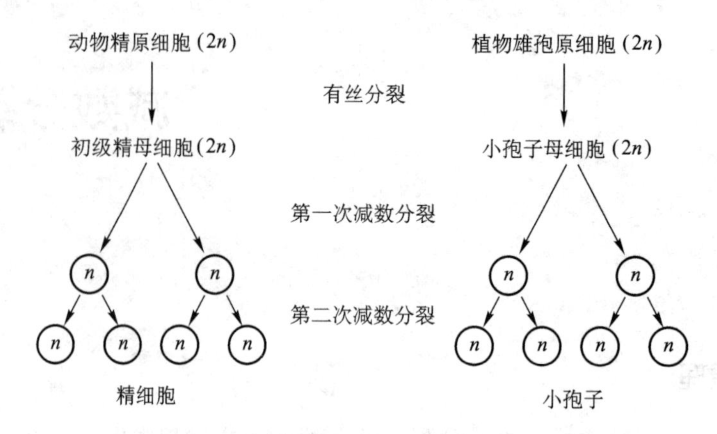

图1–1 动、植物雄性性细胞各时期的对照

在适当的时机采集植物的花蕾或动物的精巢，经固定、染色压片后，就可以在显微镜下观察到细胞的减数分裂。整个减数分裂可分为下列各个时期。

1. 第一次减数分裂

前期Ⅰ：

细线期：第一次分裂开始，染色质浓缩为几条细而长的细线。每一染色体已复制为2个单体，但在显微镜下还看不出染色体的双重性。

偶线期：染色体形态与细线期没有多大变化，同源染色体开始配对。

粗线期：同源染色体配对完毕，这种配对的染色体叫双价体，每个双价体含有4条染色单体，但仅有2个着丝粒。染色体继续短粗。

双线期：配对的同源染色体开始分开。由于染色单体间发生过交换，同源染色体有交叉现象。染色体螺旋化程度加深。

浓缩期：又叫终变期，交叉向染色体端部移动，交叉数减少，染色体变得更短粗。浓缩期末核膜消失。

中期Ⅰ：各个双价体排列在赤道面上，纺锤体形成，2条同源染色体上的着丝粒逐渐远离。双价体开始分离。染色体数仍为$2n$，但每一染色体含有2条染色单体。

后期Ⅰ：两条同源染色体分开，分别移向两极。每一染色体有一着丝粒，带着2条染色单体。每一极得到n条染色体。染色体数已减半。

末期Ⅰ：染色体解旋，又呈丝状，核膜形成，细胞质分裂，成为2个子细胞。

间期：在第二次分裂开始以前，2个子细胞进入间期。但有的植物如延龄草（*Trillium*）和大多数动物不经过末期和间期，直接进入第二次减数分裂的晚前期。

2. 第二次减数分裂

前期Ⅱ：染色体缩短变粗，染色体开始清晰起来。每个染色体含有一个着丝粒和纵向排列的两条染色单体。前期快结束，染色体更短粗，核膜消失。

中期Ⅱ：染色体排列在赤道面上，每个染色体含一个着丝粒、2条染色单体。2条染色单体开始分离。此时细胞的染色体数为n，每一染色体有2条染色单体。

后期Ⅱ：2 条染色单体分离，移向两极，每极含 n 条染色体。

末期Ⅱ：染色体逐渐解螺旋，变为细丝状，核膜重建，核仁重新形成。细胞质分裂，各成为 2 个子细胞。

减数分裂结束，1 个细胞经减数分裂形成 4 个子细胞，每个子细胞中只有 n 条染色体。因为细胞分裂 2 次，染色体只复制 1 次。

六、实验步骤

（一）蚕豆花的观察

1. 采集刚现蕾的蚕豆花序，置于固定液内固定 3 h 后，换入 70% 的乙醇中。若需保存较久，可放在 70% 乙醇一份、甘油一份的溶液中。

2. 取已固定好的花序，按其花蕾大小，排列在小培养皿中。

3. 剥开花蕾（先取中等大小的花蕾）取出花药，放在载玻片上。

4. 加一滴乙酸洋红在花药上。

5. 加上盖玻片，上面再放吸水纸，用拇指适当加压，把周围的染色液吸干。

6. 用封蜡封片，做成临时标本。

7. 显微镜下观察。

（二）蝗虫精巢的观察

1. 随蝗虫物种的不同，采集时间有变化。上海地区一般在四月至十月都可采到蝗虫。

2. 采集方法可用手捉或用扫网捕捉。如短角斑腿蝗喜温暖，可在十月左右，在晴天阳光下的草地上用扫网捕捉。

3. 用镊子夹住雄虫尾部，向外拉。可见到一团黄色组织块，这就是蝗虫的精巢。剔除精巢上的其他组织，将其放到 Carnoy 固定液中固定 1.5～2 h，再放入 70% 乙醇溶液中。

4. 将乙酸洋红滴在染色板内，取固定好的精巢放入染液中染色 15 min 以上。

5. 用解剖针从精巢上挑取几条丝状物（精细管）放在载玻片上，加一滴染液，压片。

6. 用封蜡封片，做成临时标本。

7. 显微镜下观察。

（三）制作永久片

上述压片所得到的片子，只能做临时观察，要长期保存时，可做永久片。步骤如下：

1. 用玻璃棒沾一点甘油蛋白（甘油 1 份 + 新鲜鸡蛋白 1 份）在载玻片上，用手指涂匀。将载玻片在酒精灯上烘一下（1～3 s）。

2. 挑取一条已染色的精细管，加一滴染液在载玻片上，加盖玻片，压片。

3. 压片后在酒精灯上烘一下，很快掠过，约 5～6 次。

4. 用封蜡封片。

5. 在显微镜下观察。

6. 挑选分裂相多、染色良好的片子制作永久标本，方法如下：培养皿内置一短玻棒，倒入约 2/3 的固定液。将选好的片子剔除封蜡，翻过来（有材料的面向下），一端搭在玻棒上，在固定液中浸泡。待盖玻片自然脱落后，与载玻片一起轻轻移入以下各缸：

95% 乙醇 $\xrightarrow{1\ \text{min}}$ 无水乙醇 $\xrightarrow{1\ \text{min}}$ 无水乙醇 $\xrightarrow{1\ \text{min}}$ 加伏巴拉尔（euparal）一滴，封片。

贴上标签。

七、实验结果

绘制观察到的染色体图，同时也可拍摄显微照片。

八、思考题

1. 为什么选用雄性短角斑腿蝗为实验材料？它与雌性短角斑腿蝗相比有什么优点？
2. 试述减数分裂各时期的特点。

参考文献

刘祖洞，江绍慧．遗传学．北京：人民教育出版社，1979.

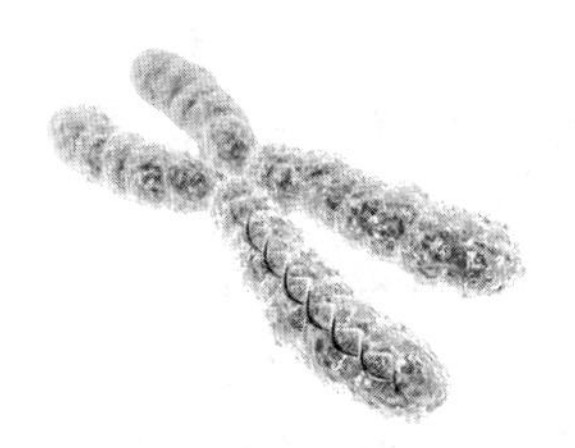

实验 2

二倍体细胞株培养

一、实验原理

把哺乳类动物和人体细胞自机体取出，放在玻璃培养瓶中，选择和控制某些外界条件，使细胞在离体条件下继续分裂生长。现在体外培养技术已广泛应用于生理学、免疫学、病毒学、遗传学等方面，在细胞分化、发育、肿瘤发生以及染色体研究等领域起着很大的作用。

二、实验目的

1. 学习和掌握原代细胞培养的基本技术。
2. 学习和掌握细胞传代培养的基本技术。

三、实验材料

鼠胎的肺、肾、肝、皮肤。

四、实验器具和试剂

1. 用具

培养瓶（30 mL），移液管（1 mL，5 mL，10 mL），滴管，培养皿（100 mm），小指管（10 mL），白细胞计数板，直柄虹膜剪、虹膜镊（直、弯），解剖镊（尖端内面有齿），白内障刀，分离针，动脉钳，止血钳，白瓷盘，光学显微镜，倒置显微镜，隔水式培养箱，蜡板，离心管。

2. 试剂

（1）10 g/L 酚红：称取酚红 1 g 置于研钵内。量取 0.1 mol/L NaOH 28 mL。逐滴加入研钵内尽量磨细，溶解后把 28 mL 0.1 mol/L NaOH 剩余的全部加入。加双蒸水至 100 mL，4℃保存。

（2）Hanks 液 10×：

甲液：$Na_2HPO_4 \cdot 2H_2O$ 0.6 g，$KH_2PO_4$0.6 g，KCl 4.0 g，$MgSO_4 \cdot 7H_2O$ 2.0 g，葡萄糖 10.0 g，NaCl 80.0 g，以上药品溶于 900 mL 双蒸水中。

乙液：$CaCl_2 \cdot H_2O$ 1.4 g，单独溶于 100 mL 双蒸水中。

甲、乙二液都溶解后，混匀在一起，成为母液，用时稀释。取 100 mL 母液，加 900 mL 双蒸水，加 2 mL 10 g/L 酚红。55 kPa 高压消毒 20 min。

（3）D-Hanks液10×（即无Ca^{2+}、Hg^{2+}的Hanks液）：NaCl 80.0 g，KCl 4.0 g，$Na_2HPO_4 \cdot 12H_2O$ 0.12 g，KH_2PO_4 0.6 g，葡萄糖10.0 g，以上药品溶于1 000 mL双蒸水中，使用时同Hanks液一样。

（4）Trypsin-EDTA液：Trypsin（Difco 1∶250）0.5 g，EDTA 0.2 g，1 000 mL D-Hanks（含有2 mL 10 g/L酚红）。用500 g/L的NaOH调pH至7.5，过滤灭菌。

（5）其他药品：RPMI 1640，DMEM，5 g/L水解乳蛋白，M199，秋水仙碱，低渗液，Giemsa液，青霉素，链霉素，甲醇，无水乙酸，pH 6.8 PBS。

五、实验说明和步骤

1. 原代培养

（1）取怀孕18天的大白鼠胚胎，用铁棒敲击大白鼠的头致死，四肢钉在蜡板上。

（2）用70%乙醇棉球擦遍腹部，然后用一薄层浸透70%乙醇的棉花覆盖在腹部。

（3）到准备室中剪开腹部表皮，打开胸腔。

（4）剪开内皮，取出胚胎，去外膜，把胚胎放在培养皿中。

（5）进入无菌室，用Hanks液洗胎鼠数次，再剖开胎鼠胸腹腔，剪取肝、肾、肺。从胎鼠体表剪取皮肤。

（6）所取的组织用Hanks液洗3次。然后用虹膜剪刀，将组织剪碎成1～2 mm大小的块，再用Hanks液洗3次，加入各种培养液，含有30%小牛血清及200 U/mL青霉素、链霉素，pH 6.8，洗2次。肺组织用DMEM、肾组织用5 g/L水解乳蛋白，肝组织用RPMI 1640，皮肤组织用M199。

（7）用滴管将组织块吸入培养瓶中，并均匀分散贴在瓶壁上，组织块块数可多些，吸去多余的液体。放在37℃温箱中2～4 h，然后加入培养液0.5 mL，轻轻地使组织块浸入培养液，置37℃温箱静止培养。隔3天换一次培养液。

（8）过3天，皮肤组织四周伸展出细胞。过7天，肺和肾组织四周伸展出细胞。14天后，肝组织四周伸展出细胞。

2. 传代培养

（1）待组织块四周的细胞密集、组织块之间细胞铺满瓶壁，吸去培养液，加入1 mL Trypsin-EDTA液（pH 7.8）洗一次，然后在室温中让细胞浸在1 mL Trypsin-EDTA液中1～2 min，把瓶子翻过来观察。若细胞呈白色一片，而且细胞间出现针孔状时，可倒去Trypsin-EDTA液，再使细胞在室温中静止3 min，轻轻拍打瓶壁，组织块和细胞很均匀地脱离瓶壁。

（2）加入4 mL培养液（pH 7），使滴管不离液面进行吹打，使细胞呈均匀的单细胞，静止片刻，用滴管吸取细胞悬液移入另一只培养瓶，放入37℃温箱培养。留下组织块再分散贴在原瓶壁上，继续培养以备后用。

（3）传代细胞一般3天后会在培养瓶壁上铺满，再传代，1瓶分传2瓶，接着可进行染色体制备。

3. 染色体制备

（1）传代后第二天，在倒置显微镜下观察，细胞之间有空隙，但并不很稀疏，有许多呈气球状透亮的圆细胞，这时相当于生长对数期。

（2）加秋水仙碱，浓度为 0.2 ~ 2 μg/mL，处理 4 h，中断纺锤丝形成，从而使细胞停留在分裂中期。

（3）倒去培养液，加入 Trypsin-EDTA 液，操作步骤同细胞传代，待细胞从培养瓶瓶壁上分离下来。立即加入 8 mL 0.075 mol/L KCl 低渗液，用滴管吹打细胞使其分散，置 37℃低渗处理 30 min。低渗处理使细胞因内、外渗透压不同而膨胀。

（4）低渗后在细胞悬液中加入 0.5 ~ 1 mL 固定液（3 份甲醇和 1 份无水乙酸），吹打一下，可以防止继续低渗及细胞成团，立即 1 000 r/min 离心 5 min。

（5）去上清液，加入 0.3 ~ 0.5 mL 固定液，用滴管打散细胞，固定 15 min。如此离心、固定重复两次。

（6）去上清液，加入 0.3 ~ 0.5 mL 新鲜固定液，制成细胞悬液。

（7）气干法制片，用 pH 6.8 PBS 配制 50 g/L Giemsa 液染色。

（8）显微镜下检查，挑选分散良好、染色清晰的图像摄影，进行核型分析。也可将片子进行染色体分带染色，以做进一步研究。

4. 细胞冻存

正常离体细胞培养，细胞存活有一定的世代，一般传代到 30 ~ 50 代就老化衰亡。同时为了减轻工作量，防止细胞变异，可将细胞冻存起来。

（1）冻存细胞的培养方法与传代培养相同。待细胞长成单层，略密些，加入 Trypsin-EDTA 1 mL 洗一下，然后在室温中让细胞浸在 1 mL Trypsin-EDTA 中 1 ~ 2 min，在瓶壁上观察到细胞呈白色一片，并有针孔状，立即将消化液去干净，尽量不留。仍在室温中放置片刻，用手轻轻拍打瓶壁，细胞均匀地滑下。

（2）冻液的配制，60% 培养液 +30% 小牛血清 +200 U/mL 的青霉素、链霉素 +10% 二甲基亚砜（DMSO），细胞成活率达 90% 以上，pH 7.0。每小瓶细胞加入 2 mL 冻液，用滴管轻轻吹打细胞，以免很多气泡产生，因为过多气泡会损害细胞，另外会破坏血清中蛋白质的成分。

（3）用滴管将含有细胞的冻液吸入 2 mL 安瓿瓶，每只安瓿瓶放 1.5 mL 细胞悬液，过多的细胞悬液冻存时会引起安瓿瓶炸裂。用火焰封口，务须封好瓶口，否则冻存时和复苏时也会发生炸裂现象。

（4）将安瓿瓶放在 4℃冻箱中 4 h。

（5）置安瓿瓶于气态氮中 20 min，然后立即放入液态氮中。

（6）复苏时将安瓿瓶自液氮中取出，立刻放在 40℃温水中，使其在 1 min 内溶解。然后在无菌室中打开安瓿瓶，用滴管吸取细胞悬液放入培养瓶中，然后加入含有小牛血清的培养液，一只安瓿瓶培养一瓶。第二天细胞贴壁生长，将含有冻液的培养液换成新鲜培养液。因为二甲基亚砜具有防止细胞受冻损伤的作用，但在细胞存活培养时，会引起毒害作用，从而导致细胞变异，因此必须待细胞贴壁生长后及时换液。

六、实验结果

哺乳类和人机体上各种组织，经过离体细胞培养后可以建立各种类型正常细胞株，如肝、肾、皮肤、脑，等等。经过病毒转化，还可建立淋巴细胞株。有利于对真核细胞进行发育和分化分析，也有利于对人体遗传疾病的研究，如利用离体培养细胞进行酶的研究，比在人体中研究酶要方便得多。建立的细胞株可以运输到世界各地的实验室进行研究。若是患者细胞在体外培养建立了细胞株冻存起来，即使该患者死亡，也可以对该病的病因进行研究。为此二倍体细胞培养的技术，对于真核细胞遗传学的研究，有其特殊有用的地方，特别是为真核生物分子遗传学研究提供了原材料。

七、思考题

1. 原代培养过程中，组织块贴壁时 pH 应低一些，待细胞生长密集后 pH 要相应提高，为什么？

2. 染色体制备过程中，为什么用甲醇和无水乙酸来固定细胞？

参考文献

1. 邱信芳，等. 细胞生物学杂志 .1979，1（2）：34 ~ 38.

2. Puck T T. The Mammalian Cell as a Microorganism. San Francisco：Holden–day，INC，1972.

3. Kruse P F，*et al*. Tissue Culture Methods and Application. New York：Academic Press，1977.

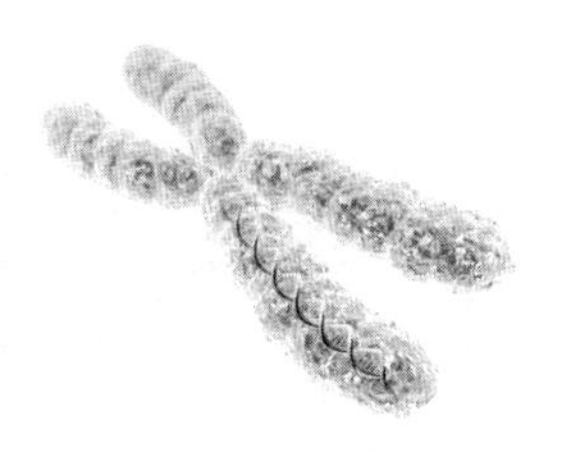

实验 3

人染色体组型分析

一、实验原理

染色体组型又称为核型（karyotype），是指用显微照相或描绘的方法得到的单个细胞染色体的系统排列。核型可以代表该个体的细胞的染色体组成。核型的模式表达称为模式组型或模式图（idiogram），它是通过对许多细胞染色体的测量，取其平均值绘制而成的，理想的、模式化的染色体组成，代表某一物种染色体组型的特征。

中期染色体的形态较典型，所以一般组型分析多采用中期染色体。在观察染色体的形态时，主要观察染色体的长短、着丝粒位置、臂的长短、有无随体，其中以着丝粒的位置最为重要。中期染色体的两条单体相连于着丝粒处，从着丝粒向两端就是染色体的“两臂”。若着丝粒不在中央，则将染色体分隔成短臂（p）和长臂（q）。据此，可将染色体分为中着丝粒染色体（m）、亚中着丝粒染色体（sm）、亚端着丝粒染色体（st）、端着丝粒染色体（t）。根据 Denver 会议（1960 年），任何一个染色体的基本形态学特征有如下 3 个重要的参数：

1. 相对长度（relative length）：单个染色体的长度与包括 X 染色体在内的单倍染色体总长度之比，以百分率表示。即：

$$相对长度=\frac{每条染色体长度}{单倍常染色体+X染色体总长}\times 100\%$$

2. 臂指数（arm index）：长臂同短臂比率，又称臂比。

$$臂指数=长臂的长度/短臂的长度$$

按 Levan（1964 年）的标准划分：臂比数 1.0 ~ 1.7 为中着丝粒染色体（m）；臂比数 1.7 ~ 3.0 为亚中着丝粒染色体（sm）；臂比数 3.0 ~ 7.0 为亚端着丝粒染色体（st）；臂比数大于 7.0 为端着丝粒染色体（t）。

3. 着丝粒指数（centromere index）：短臂占整个染色体长度的比率，它决定着丝粒的相对位置。

$$着丝粒指数=\frac{短臂的长度}{染色体长度}\times 100\%$$

按 Levan（1964 年）的划分标准，着丝粒指数 50.5% ~ 37.5% 为中着丝粒染色体（m）；着丝粒指数 37.5% ~ 25.0% 为亚中着丝粒染色体（sm）；着丝粒指数 25.0% ~ 12.5% 为亚端着丝粒染色体（st）；着丝粒指数 12.5% ~ 0.0% 为端着丝粒染色体（t）。

根据以上 3 个参数，就可对染色体实行测量分类、排列、编号，并进行染色体组型分析（表 3–1）。

表 3–1 染色体测量表

编号	qp	q+p	相对长度	臂指数	着丝粒指数
1					
2					
3					
4					
⋮					
30					

根据 Denver 体制，对人类染色体核型分组及形态特征做如下规定：

组号	染色体号	形态大小	着丝粒位置	随体	次缢痕	鉴别程度
A	1 ~ 3	最大	中部着丝粒	无	常见 1	可鉴定
B	4 ~ 5	次大	亚中部着丝粒	无		不易
C	1 ~ 12，X	中等	亚中部着丝粒	无	常见 9	难鉴定
D	13 ~ 15	中等	顶端着丝粒	+S	偶见 13	难鉴定
E	16 ~ 18	小	近端着丝粒	无		可鉴定
F	19 ~ 20	次小	中部着丝粒	无		不易
G	21，22，Y	最小	顶端着丝粒	+S		难鉴定

二、实验目的

1. 了解染色体组型分析的基本原理。
2. 掌握染色体组型分析的技术方法。

三、实验材料

放大的人染色体标本的显微照片及人染色体核型的标准图。

四、实验器具和试剂

1. 用具

硬纸板，剪刀，镊子，胶水，直尺，分规，光学显微镜，照相机，像纸。

2. 试剂

显影液，定影液。

五、实验步骤

1. 选择人淋巴细胞有丝分裂中期标本。在光学显微镜下用油镜（10 × 10）选择分散好、形态好的中期染色体进行显微摄影，并将照片放大（图 3–1），可由教师制备。

2. 将放大照片上的一个细胞内的全部染色体分别一条一条剪下。

3. 按上述分类标准将各对同源染色体编号排列。

4. 用胶水将染色体按顺序贴在一张硬纸板上，并计算它们的相对长度、臂指数、着丝粒指数。

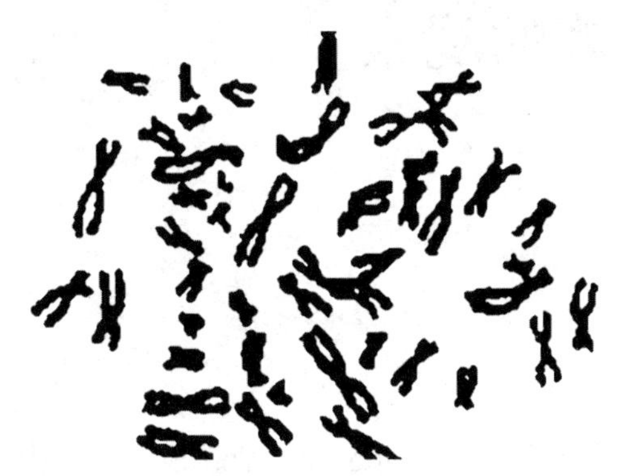

图 3-1　中期染色体

六、思考题

1. 染色体组型分析的意义何在？

2. 如何制备中期染色体？

参考文献

徐丽霞，王秦秦 . 染色体核型分析技术的发展 . Medical Recapitulate，2009，15：188-190.

附：中期染色体的制备

中期染色体制备的一般步骤为培养、低渗、固定、制片、染色、镜检。

培养：对于外周血小淋巴细胞，在体外人工培养条件下如加入植物凝集素 PHA（phytohemagglutinin），可刺激细胞转化进行分裂，此时如加入适量的秋水仙碱或秋水仙酰胺，可使分裂细胞停止在有丝分裂期。对于骨髓细胞，因其具有高度的分裂活性，故不需加 PHA 刺激，仅需做秋水仙碱处理。对于体外短期或长期培养的体细胞，也仅需做秋水仙碱处理。

低渗：低渗是使细胞在低渗液中膨胀，还使红细胞质膜破裂而去除红细胞，膨胀后的细胞在制片时染色体会更加分散。常用的低渗液是 0.075 mol/L KCl 溶液。

固定：固定的作用是让细胞核和细胞质的蛋白质成分变性，常用甲醇和无水乙酸混合液（甲醇与无水乙酸的体积比为 3∶1）固定液，前者固定细胞质，后者固定细胞核。

制片：制片一般采取空气干燥法，即在浸于 50% 乙醇溶液中 4℃预冷的洁净载玻片上，以一定高位距离滴上已处理过的细胞悬液，每张玻片滴 1～2 滴但不重叠，然后用镊子夹住载玻片的一端，在酒精灯火焰上过一下，可使染色体更好地散开。

染色：用 PBS 稀释 10 倍的 Giemsa 染色液（0.6 g Giemsa 粉末加入 50 mL 甘油，置于 55～60℃水浴 2 h，加入甲醇 50 mL，静置 1 天以上，过滤后保存于棕色瓶内）染色 20 min，水洗，室温下晾干。

镜检：在光学显微镜下观察中期染色体。

实验 4

果蝇唾腺染色体的观察

一、实验原理

双翅类昆虫（摇蚊、果蝇等）幼虫期的唾腺细胞很大，其中的染色体称为唾腺染色体（salivary chromosome）。这种染色体比普通染色体大得多，宽约 5 μm，长约 400 μm，相当于普通染色体的 100～150 倍，因而又称为巨大染色体。唾腺染色体经过多次复制而并不分开，大约有 1 000～4 000 根染色体丝的拷贝，所以又称多线染色体（polytene chromosome）。多线染色体经染色后，出现深浅不同、密疏各异的横纹，这些横纹的数目和位置往往是恒定的，代表着果蝇等昆虫的种的特征。如染色体有缺失、重复、倒位、易位等，很容易在唾腺染色体上识别出来。

二、实验目的

1. 练习取出果蝇等幼虫唾腺的技术和制作唾腺染色体标本的方法。

2. 观察多线染色体的特征：①巨大；②体细胞配对，所以染色体只有半数（n）；③各染色体的异染色质多的着丝粒部分互相靠拢形成染色中心（chromocenter）；④横纹有深浅、疏密的不同，各自对应排列，这意味着基因的排列。

3. 把观察到的好图像画下来。

三、实验材料

黑腹果蝇的三龄幼虫。这种材料既易饲养，又易取得唾腺，但为了得到更好的染色体标本，需要在 20～25℃和营养良好的条件下饲养幼虫。选择行动迟缓、肥大，爬上管壁的三龄幼虫（即将化蛹）做标本最佳。

四、实验器具和试剂

1. 用具

双筒解剖镜，显微镜，镊子，解剖针，载玻片，盖玻片，滤纸，绘图纸，酒精灯。

2. 试剂

1%的乙酸洋红：称 1 g 洋红，溶解于 100 mL 45%的乙酸溶液中煮沸，冷却后过滤使用。

Ephrussi-Beaclle 生理盐水：称取 NaCl 7.5 g、KCl 0.35 g、$CaCl_2$ 0.21 g，溶解于 1 000 mL 蒸馏水中。注意，要等先加入的药品充分溶解后再加入下一种药品。尤其是 $CaCl_2$，如在其他药品没有充分溶解时加入，将产生沉淀。

松香石蜡（balsam paraffin）：用等量的松香和 52℃石蜡，放在蒸发皿内用小火煮（大火要烧起来！），待两者充分混合成浓的米黄色，取下来冷却凝固。使用时，用烧热铁丝的前端蘸少量的溶解物，封在载玻片周围。

五、实验步骤

1. 将载玻片置于双筒镜下。载玻片上滴加生理盐水一滴，取三龄幼虫放在其中，操作者两手各握一枚解剖针，左手的解剖针压住幼虫后端 1/3 处，固定幼虫。右手的解剖针按住幼虫头部，用力向右拉，把头部从身体拉开，唾腺随之而出，唾腺是一对透明的棒状腺体（图 4–1）。

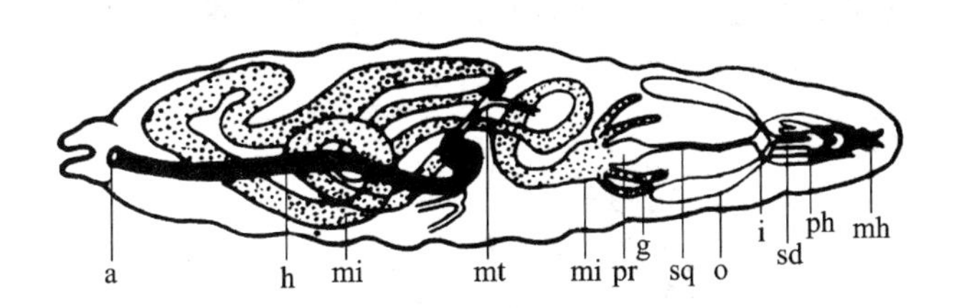

图 4–1　黑腹果蝇幼虫结构

a. 肛门；h. 后肠；g. 盲囊；mi. 中肠；i. 唾腺原基；mh. 大腮钩；o. 唾腺；ph. 咽头；pr. 前胃；sd. 唾腺分泌管；sq. 食道；mt. 马氏管

2. 在载玻片上除去幼虫其他组织部分，把唾腺周围的白色脂肪剥离干净，再把唾腺移到干净的、预先准备的滴有乙酸洋红的载玻片上。

3. 固定染色 10 min 后，盖上干净的盖玻片，用滤纸先轻轻压一下，吸去多余的染液。然后放在水平桌面上，用大拇指用力压住，并横向揉几次。注意，不要使盖玻片移动，用力和揉动是一个方向，不能来回揉。用力和揉动方向可因人而异，多做几次，可得较好的片子。

4. 用松香石蜡封片，制成临时标本。

5. 制成的片子在显微镜下观察。如得到的片子完整良好，而且没有气泡，可在冰箱中保持数日。也可以制成永久片，步骤如下：先剔除封蜡，放入固定液（无水乙酸∶乙醇＝1∶3）中，待盖玻片脱落后，再把有材料的载玻片和盖玻片进行以下处理：95%乙醇 1 min，纯乙醇 1 min，再经纯乙醇 1 min，取出载玻片，加一小滴优巴拉尔（euparal），再取出盖玻片盖上，即可。也可以在纯乙醇脱水后，再经过几次不同比例的乙醇和二甲苯混合液（3∶1；2∶1；1∶1 等），最后到纯二甲苯，取出后用加拿大树胶封片。但这种方法步骤较多，材料容易丢失。

六、观察标本

1. 先用低倍物镜观察片子，找到好的染色体图像后，放到视野中心，再用高倍镜观察。

2. 黑腹果蝇的唾腺染色体是 $2n = 2 \times 4 = 8$（图 4–2），但因体细胞配对，又因短小的第 4 染色体和 X 染色体的着丝粒在端部，所以染色体的一端在染色中心上，看上去各自只形成一条线状和点状染色体。只有第 2 和第 3 染色体的着丝粒在中央，它们从染色中心以 V 字形向外伸出（2L，2R，3L，3R），因此共有 6 条（图 4–3）。

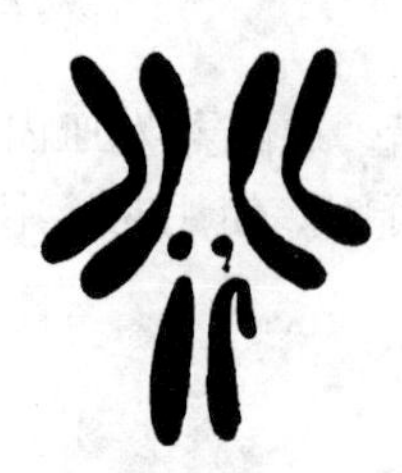

图 4–2　黑腹果蝇唾腺染色体核型

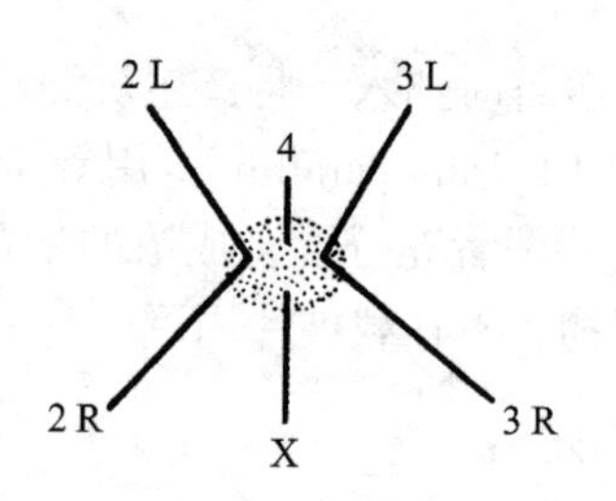

图 4–3　黑腹果蝇唾腺染色体模式核型

在显微镜下，短小的第4染色体有时不易观察到，所以最容易识别的是第5染色体（图4–4）。雄果蝇的Y染色体几乎包含在染色中心里，因为是异染色质，看起来染色可能淡些。有经验的人可以发现雄果蝇的X染色体比雌果蝇X染色体要细些，因为雄性只有一条X染色体。

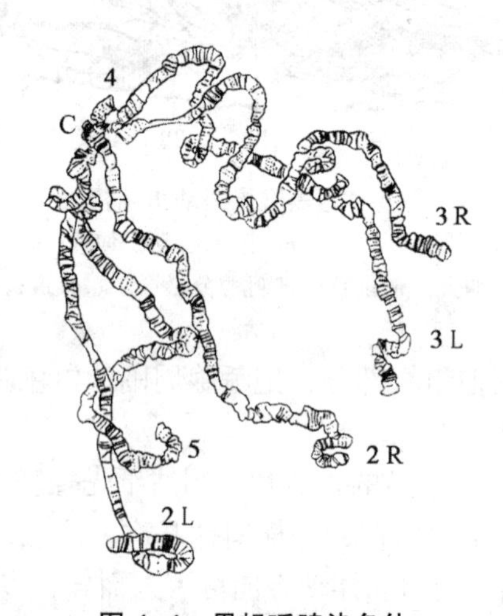

图 4–4　果蝇唾腺染色体

3. 唾腺染色体上的横纹宽窄、浓淡是一定的，但在果蝇的特定发育时期，它们会出现不连续的膨胀，这称为疏松区（puff），目前人们认为这是这部分基因被激活的标志。

七、思考题

1. 剥离果蝇幼虫的唾腺时需要注意哪些问题?
2. 果蝇多线染色体有哪些特点和优点?

参考文献

1. 森脇大五郎 . ショウジョウバエの遺伝実習 . 東京：培風館，1979.
2. 田中信德 . 新てい细胞遺伝學 . 東京：朝倉書店，1978.

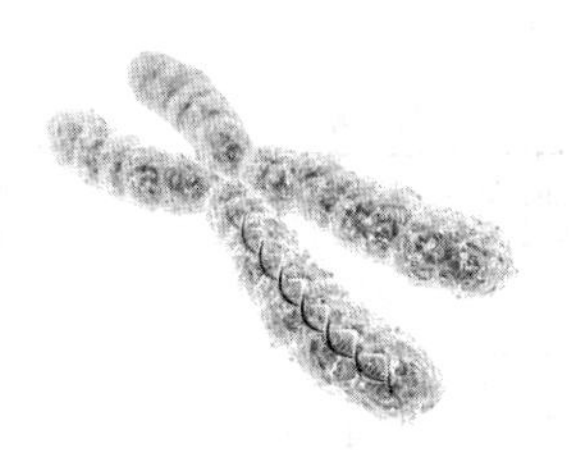

实验 5

果蝇的单因子实验

一、实验原理

一对基因在杂合状态中保持相对的独立性，而在配子形成时，又按原样分离到不同的配子中去。理论上配子分离比是 1∶1，子二代基因型分离比是 1∶2∶1，若显性完全，子二代表型分离比是 3∶1。这就是分离定律。

二、实验目的

1. 理解分离定律的原理。
2. 掌握果蝇的杂交技术。
3. 记录交配结果和掌握统计处理方法。

三、实验材料

黑腹果蝇（*Drosophila melanogaster*）品系：①长翅果蝇（+/+）；②残翅果蝇（*vg*/*vg*）。

四、实验器具和试剂

1. 用具

麻醉瓶，白瓷板，海绵，放大镜，毛笔，镊子，培养瓶。

2. 试剂

乙醚，玉米粉，琼脂，蔗糖，酵母粉，丙酸。

五、实验说明

1. 性状特征

野生型果蝇的双翅是长翅（+/+），翅长过尾部。残翅果蝇（*vg*/*vg*）的双翅几乎没有，只有少量残痕，无飞翔能力。*vg* 的基因座是第二染色体 67.0。长翅对残翅显性完全。

2. 交配方式

用长翅果蝇与残翅果蝇交配，得到子一代都是长翅，子一代雌雄个体间相互交配，子二代产生性状分离，出现两种表型，呈 3∶1 之比。现以长翅雌蝇与残翅雄蝇交配为例，如图 5-1 所示。

在本实验中，子一代基因型为 +/*vg*，可以产生两种配子，+ 和 *vg*，各占 1/2。雌、雄都是这样。用棋盘法表示这个杂交实验，见图 5–2。

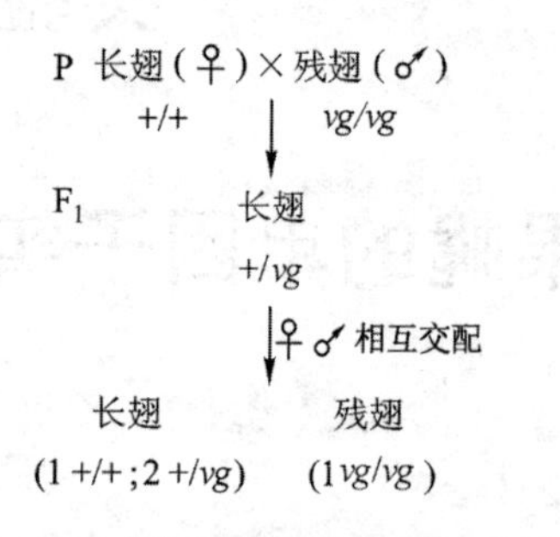

图 5–1 果蝇双翅形状的遗传表型

F_1♂配子	F_1♀配子	
	$\frac{1}{2}$+	$\frac{1}{2}$vg
$\frac{1}{2}$+	$\frac{1}{4}$+/+ 长翅	$\frac{1}{4}$+/vg 长翅
$\frac{1}{2}$vg	$\frac{1}{4}$+/vg 长翅	$\frac{1}{4}$vg/vg 残翅

图 5–2 果蝇双翅形状的遗传杂交实验

因为长翅对残翅显性，+ / + 、+ /*vg* 基因型都表现出长翅性状。只有 *vg*/*vg* 才呈残翅。所以 F_2 代群体中，长翅与残翅比为 3∶1。其中长翅中有 2/3 是杂合体 + /*vg*，1/3 是纯合体 + / +，但在表型上无差别。F_2 代群体越大，越接近理论比。实得比数符合理论比数的程度如何，需要进行 χ^2 检验。

六、实验步骤

1. 选野生型和残翅果蝇为亲本，做正交和反交组合。雌蝇一定要选处女蝇。处女蝇在实验前 2 ~ 3 天陆续收集，数目多少根据需要而定。（网上资源“视频 5–1 果处女蝇的挑取与突变体性状”）

2. 把长翅果蝇和残翅果蝇进行杂交，正交与反交各一瓶，即：长翅（♀）× 残翅（♂），长翅（♂）× 残翅（♀）。把长翅处女蝇倒出麻醉，挑出 5 ~ 6 只移到杂交瓶中。再把残翅倒出麻醉，在白瓷板上用放大镜仔细挑出 5 ~ 6 只雄蝇，移到上述杂交瓶中。贴好标签，将杂交瓶放到 23℃温箱中培养。

（正交）
P： + / + × *vg*/*vg*
（♀）　（♂）
月　　日
姓名：

反交与正交方法一样。

3. 7 ~ 8 天后，倒去亲本果蝇。

4. 再过 4 ~ 5 天，F_1 成蝇出现，观察 F_1 翅膀，连续检查 2 ~ 3 天。

5. 麻醉 F_1 成蝇，移出 5 ~ 6 对果蝇，放到另一培养瓶内。这里雌蝇无须处女蝇，在 23℃温箱中培养（反交同样做一瓶）。

6. 7 ~ 8 天后，移去 F_1 亲本。

7. 再过 4 ~ 5 天，F_2 成蝇出现，开始观察。连续统计 7 ~ 8 天。统计过的果蝇放到死蝇盛留器中。

七、实验结果

填写下列表格：

F_1

统计日期	观察结果			
	长翅♀ × 残翅♂		残翅♀ × 长翅♂	
	长翅数	残翅数	长翅数	残翅数
合计				

F_2

统计日期	观察结果			
	长翅♀ × 残翅♂		残翅♀ × 长翅♂	
	长翅数	残翅数	长翅数	残翅数
合计				

χ^2 检验

	长翅（+）（正交、反交合并）	残翅（vg）（正交、反交合并）	合计
实验观察数（O）			
预期数（3∶1）（C）			
偏差（$O-C$）			
$\frac{(O-C)^2}{C}$			

自由度 = $n-1$ =

$$\chi^2=\Sigma\frac{(O-C)^2}{C}=$$

查 χ^2 表。

八、思考题

1. 正反交的实验结果相同吗？为什么？
2. F_1 代的雌雄个体比是否与分离定律相符？

参考文献

1. 刘祖洞，江绍慧．遗传学．北京：人民教育出版社，1979.
2. Suzuki D T，Friffiths A T. An Introduction to Genetic Analysis. San Francisco：Freeman，1976.

实验 6

果蝇的伴性遗传

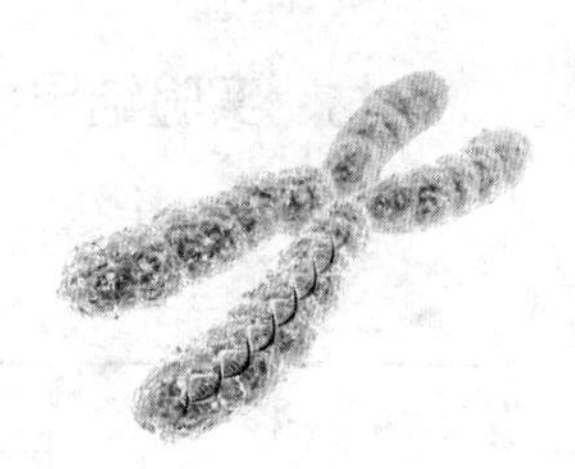

一、实验原理

位于性染色体上的基因，其传递方式与位于常染色体上的基因不同，它的传递方式与雌雄性别有关，因此称为伴性遗传（sex-linked inheritance）。

果蝇的性染色体有 X 和 Y 两种，雌蝇为 XX，是同配性别；雄蝇为 XY，是异配性别。（网上资源“视频 6-1　果蝇的性别决定与伴性遗传”）

二、实验目的

1. 记录交配结果和掌握统计处理方法。
2. 正确认识伴性遗传的正、反交的差别。

三、实验材料

黑腹果蝇（*Drosophila melanogaster*）品系：①野生型（红眼），wild type（+）；②突变型（白眼），white eye（*w*），此基因在 X 染色体上。

四、实验器具和试剂

1. 用具

双筒解剖镜，大指管，麻醉瓶，磁板，海绵板，解剖针，毛笔，镊子。

2. 试剂

红糖，麸皮，琼脂，干酵母等。

五、实验说明

交配方式：

A：♀[+]×[*w*]♂　　　　B：♀[*w*]×[+]♂

P　[+]♀♀$\frac{+}{+}$ × $\frac{w}{}$[*w*]♂♂　　[*w*]♀♀$\frac{w}{w}$ × $\frac{+}{}$♂♂[+]

↓　　　　↓

F_1　[+]♀♀$\frac{+}{w}$ × $\frac{+}{}$[+]♂♂　　[+]♀♀$\frac{+}{w}$ × $\frac{w}{}$[*w*]♂♂

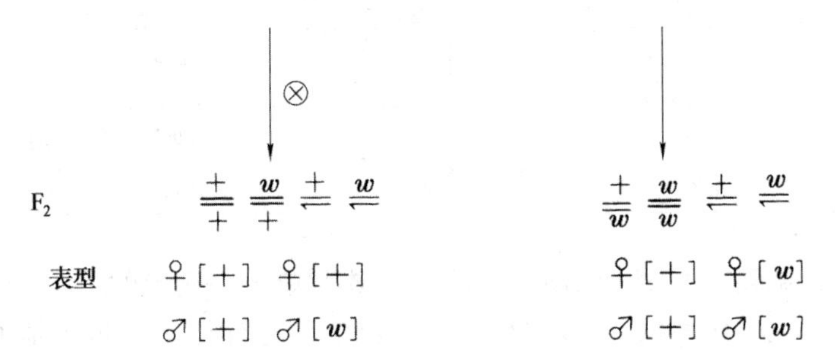

若 *A* 为正交，F_1 代♀、♂ 都为野生型［+］，F_1 相互交配得 F_2 代，则♀都是野生型［+］，♂则野生型［+］和白眼［w］各占一半，比例为 1∶1。

B 是 *A* 的反交，F_1 代与 *A* 不同，♀为野生型［+］，而♂为白眼［*w*］，此现象又称为交叉遗传（criss-cross inheritance）。F_1 相互交配得 F_2 代，♀的野生型与白眼比例为 1∶1，♂的野生型与白眼比例也是 1∶1。

注意：

1. 常染色体性状遗传的正、反交所得子代♀、♂ 性状相同，而伴性遗传则有不同。

2. 在进行伴性遗传实验时，也有例外个体产生，这是由于两条 X 不分离造成的（*B* 杂交组合），F_1 中出现了不应该出现的♀白眼，但这种情况极为罕见，几千个体中有一个。

3. 不分离现象见图 6–1。

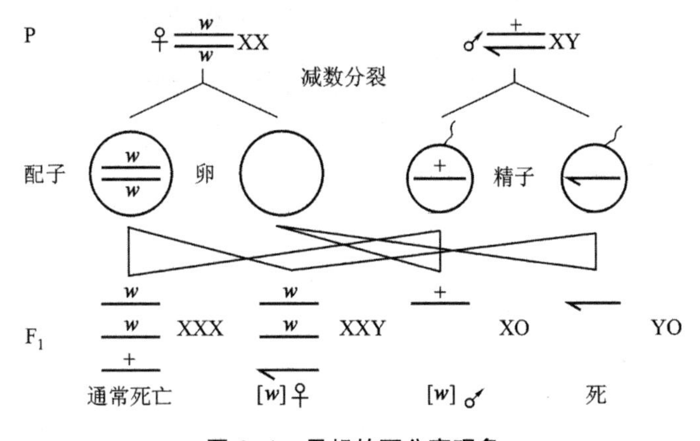

图 6–1　果蝇的不分离现象

六、实验步骤

1. 收集处女蝇。由于雌蝇生殖器官中有贮精囊，一次交配可保留大量精子，供多次排卵受精用，因此做杂交实验前必须收集未交配过的处女蝇。由于孵化出的幼蝇在 12 h 内（更可靠是 8 h）不交尾，因此必须在这段时间内把♀、♂ 蝇分开培养，所得的♀蝇即为处女蝇。

2. 准备好培养基，按正、反交组合，把已麻醉的红眼♀、白眼♂和红眼♂、白眼♀分别放入不同瓶内进行杂交，贴上标签。标签形式如下：

A组合	B组合
+ + × *w*Y	*ww* × + Y
日期：	日期：
姓名：	姓名：

3. 6 ~ 7天后，见到有 F_1 幼虫出现，即除去亲本果蝇（一定要除干净！）。

4. 再过3 ~ 4天，观察 F_1 成蝇的性状。（正、反交有什么不同？眼色和性别的关系如何？）

5. 所出现的 F_1 ♀、♂果蝇麻醉后，挑3 ~ 5对果蝇换入新的培养基继续饲养（此处无需处女蝇，为什么？）。两组合后代不能混合，应分别培养。

6. 6 ~ 7天后又需除干净 F_1 代亲本果蝇。

7. 再过3 ~ 4天，F_2 代成蝇出现，麻醉后倒在白瓷板上观察眼色和性别，进行统计。

8. 每隔1 ~ 2天统计一次，累积6 ~ 7天数据。

七、实验结果统计

*A*组合：（正交）♀ + + × *w*Y♂

F_1

统计日期	观察到的各类果蝇的数目	
	红眼♀［+］	红眼♂［+］

*B*组合：（反交）♀ *ww* × + Y♂

F_1

统计日期	观察到的各类果蝇的数目	
	红眼♀［+］	白眼♂［*w*］

A 组合：

F$_2$

统计日期	观察到的各类果蝇数目			
	♂红眼［+］	♂白眼［w］	♀红眼［+］	♀白眼［w］
合计				
百分比				

B 组合：

F$_2$

统计日期	观察到的各类果蝇数目			
	♂红眼［+］	♂白眼［w］	♀红眼［+］	♀白眼［+］
合计				
百分比				

χ^2 检验：

$$\chi^2=\sum\frac{(\text{观察值}-\text{理论值})^2}{\text{理论值}}$$

根据 χ^2 检验，查 χ^2 表，若 $P>5\%$，说明观察值与理论值之间的偏差是没有意义的，也就是说，可以认为观察值是符合假设的。具体对这个实验来说，所得到的实验结果应该是符合伴性遗传的假设，也就是说眼色的这对性状是由于位于性染色体上 X 上的一对等位基因控制的。

八、思考题

1. 实验中是否有观察到伴性遗传的例外表型？试分析其产生的机制。
2. 白眼雄蝇的基因型可能有哪些？如何设计实验验证？

参考文献

1. 刘祖洞，等 . 遗传学 . 北京：人民教育出版社，1979.
2. Strickbergen M W. Genetics. 2nd ed. New York：MacMillan，1976.
3. 森大五郎 . ショウジョウバエの遺伝実習 . 東京：脇培風館，1979.

实验 7

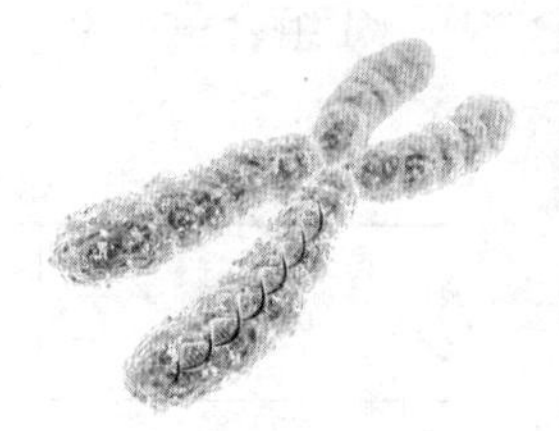

果蝇的两对因子自由组合实验

一、实验原理

位于非同源染色体上的两对基因，它们所决定的两对相对性状在杂种第二代是自由组合的。因为根据孟德尔第二定律，一对基因的分离与另一对（或另几对）基因的分离是独立的，所以一对基因所决定的性状在杂种第二代是 3∶1 之比，而两对不相互连锁的基因所决定的性状，在杂种第二代就呈 9∶3∶3∶1 之比。

二、实验目的

1. 了解两对基因的杂交方法。
2. 记录交配结果和掌握统计处理方法。
3. 正确认识两对基因自由组合的原理。

三、实验材料

黑腹果蝇（*Drosophila melanogaster*）的突变品系：①黑檀体突变型，ebony（*e*）位于第三染色体；②残翅突变型，vestigial（*vg*）位于第二染色体。

四、实验器具和试剂

1. 用具

双筒解剖镜，大指管，麻醉瓶，磁板，海绵板，解剖针，毛笔，镊子。

2. 试剂

红糖，麸皮，琼脂，干酵母等。

五、实验说明

1. 性状特征：黑檀体果蝇（*e*）的体色乌黑，与黑体（*b*）相似，但是它们是不同染色体上基因所决定。与 *e* 相对应的野生型性状是灰体。*e* 的基因座是第 3 染色体 70.7。残翅果蝇（*vg*）的双翅几乎没有，只有少量残痕，与 *vg* 相对应的野生型是长翅。*vg* 的基因座是第二染色体 67.0。

2. 交配方式：由于 *e* 和 *vg* 是在不同对的染色体上，两对因子杂种在形成生殖细胞时会产生 4 种不同类型配子，比例为 1∶1∶1∶1，如子一代个体相互交配，则通过♀、♂配子相互结合，在子二代可得到 16 种组合，其中 9 种灰长，3 种黑长，3 种灰残，1 种黑残。如下图所示：

$$P\quad ♀\,+\,+\,e\,e \times vg\,vg\,+\,+\,♂$$

$$\frac{+}{+}\ \frac{e}{e}\qquad \frac{vg}{vg}\ \frac{\ \ }{+}$$

黑檀体　　残翅

↓

$$F_1\qquad \frac{+}{vg}\ \frac{+}{e}\quad \text{野生型}$$

↓ ♀ 、♂ 相互杂交

F_2	+	+	+	e	vg	+	vg	e
+ +	$\frac{+}{+}$	$\frac{+}{+}$	$\frac{+}{+}$	$\frac{+}{e}$	$\frac{+}{vg}$	$\frac{+}{+}$	$\frac{+}{vg}$	$\frac{+}{e}$
+ e	$\frac{+}{+}$	$\frac{+}{e}$	$\frac{+}{+}$	$\frac{e}{e}$	$\frac{+}{vg}$	$\frac{e}{+}$	$\frac{+}{vg}$	$\frac{e}{e}$
vg +	$\frac{+}{vg}$	$\frac{+}{+}$	$\frac{+}{vg}$	$\frac{e}{+}$	$\frac{vg}{vg}$	$\frac{+}{+}$	$\frac{vg}{vg}$	$\frac{+}{e}$
vg e	$\frac{+}{vg}$	$\frac{+}{e}$	$\frac{+}{vg}$	$\frac{e}{e}$	$\frac{vg}{vg}$	$\frac{+}{e}$	$\frac{vg}{vg}$	$\frac{e}{e}$

整理后：

1＋＋＋＋，2＋e＋＋，2＋＋＋vg，4＋e＋vg，共 9 种［＋］［＋］；

1＋＋$vg\,vg$，2＋$e\,vg\,vg$，共 3 种［＋］［vg］；

1 $e\,e$＋＋，2 $e\,e$＋vg，共 3 种［e］［＋］；

1 $e\,e\,vg\,vg$，共 1 种［e］［vg］；

所以表型比例是 9∶3∶3∶1。

若用反交，即♀ $vg\,vg$＋＋×＋＋$e\,e$♂，其结果应该与前面正交相同（读者可以练习一下），但因残翅果蝇不能飞，只能爬行，所以作雌体亲本比较好，若作雄亲本，得到的子代将减少很多，因而在本例中反交比正交好。

六、实验步骤

1. 收集雌果蝇品系的处女蝇。

2. 准备好培养基，把已麻醉的残翅♀、♂果蝇和黑檀体♀、♂果蝇，按正、反交方式，分别放入不同培养瓶内，进行杂交，贴好标签，标签形式如下：

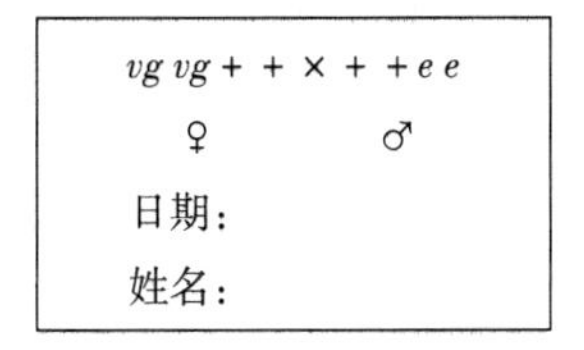
$vg\,vg$＋＋×＋＋$e\,e$
♀　　　♂
日期：
姓名：

＋＋$e\,e$×$vg\,vg$＋＋
♀　　　♂
日期：
姓名：

3. 6~7天后，见到有F_1幼虫出现，可除去亲本（除干净！）。

4. 再过3~4天，检查F_1成蝇的性状，应该是灰体、长翅（正、反交相同）。若性状不符，表明实验有差错，不能再进行下去。发生差错的原因可能是：亲本雌果蝇不是处女蝇；F_1幼虫出现后亲本未倒干净；杂交时雄蝇选择有误；亲本原种不纯等。

5. 按原来的正、反交各选5~6对F_1成蝇（♀、♂），换新的培养瓶，继续饲养（此时不需要处女蝇）。

6. 6~7天后，除去F_1代亲本。

7. 再过3~4天，F_2代成蝇出现，麻醉后（可以深度麻醉）倒在白瓷板上，进行统计，每隔2天统计一次，连续统计6~7天（当F_3出现就失去意义了）。

七、实验结果

F_2（正、反交合瓶统计）果蝇数目：

统计日期	子代表型			
	长灰	长黑	残灰	残黑
合计				

用χ^2检验检测观察数与理论数符合程度（好适度）：

	长灰	长黑	残灰	残黑	合计
实验观察数（O）					
理论数（9∶3∶3∶1）（C）					
偏差（$O-C$）					
$\frac{(O-C)^2}{C}$					

自由度 = 4 − 1 = 3

$$\chi^2 = \Sigma\frac{(O-C)^2}{C} =$$

若$P \geqslant 0.05$，说明实验符合两对因子自由组合的假说。

若$P < 0.05$，说明这个实验数据不能用两对因子的自由组合来解释，也就是否定了原来的假设，即不能认为是自由组合。

八、思考题

1. 统计的F_2代果蝇个体是否符合自由组合定律？

2. F_2代个体数目是否统计的越多越好？为什么？

参考文献

1. 刘祖洞，江绍慧 . 遗传学 . 北京：人民教育出版社，1979.
2. Strickberger M W. Genetics. 2nd ed. New York：MacMillan，1976.

实验 8

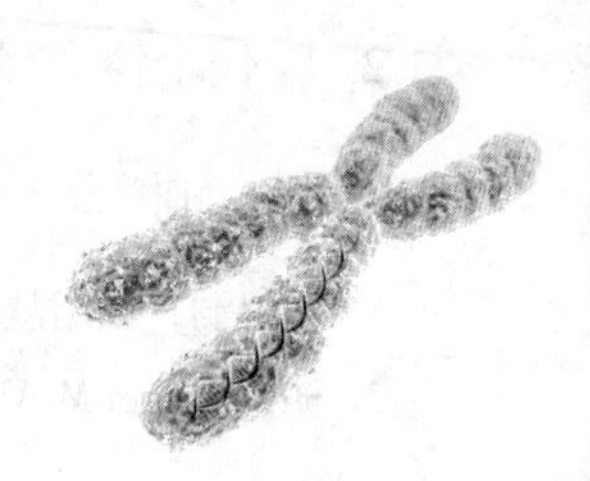

基因的连锁与交换

一、实验原理

同一条染色体上的遗传因子（基因）是连锁的，而同源染色体基因之间可以发生一定频度的交换，因此在子代中将发现一定频度的重组型，但一般比亲本型少得多。遗传学上以重组百分比（去掉%）作为这两基因之间的距离。重组高说明两个基因相距远，重组低说明两个基因相距近。但需要指出的是，雄性果蝇没有交换，因此只能用雌果蝇的重组值作为某两个基因的距离。

二、实验目的

1. 理解连锁和交换的原理。
2. 学习实验结果的数据处理和重组值求法。

三、实验材料

黑腹果蝇（*Drosophila melanogaster*）品系：①野生型（灰体、长翅），wild type [++]；②双突变型（黑体、残翅），double mutant [*b vg*]。

四、实验器具和试剂

实验器具和试剂见实验 6 “果蝇的伴性遗传”。培养基及其配方见附录 I “果蝇的饲养”。

五、实验说明

1. 性状特征

双突变型果蝇黑体残翅（*b vg*），无论雌、雄它们的体色比正常野生型黑得多，翅膀几乎没有，只有少量的残痕，因而不能飞，只能爬行。基因都在第二染色体上，*b* 的基因座是 48.5，*vg* 的基因座是 67.0。正常的野生型的相对性状是灰体长翅。

2. 交配方式

（1）若用♀纯合野生型 + +/+ + 与♂纯合双突变型 *b vg*/*b vg* 进行杂交，F_1 的双杂合体是 + +/*b vg*（相引相），表型是野生型。取 F_1 的♀个体与双突变型♂回交，得到许多 F_2 子代，其中很多个体都是与原来的亲本相同（即灰体长翅和黑体残翅），称为亲组合（parental combination）；同时也出现了少量的与亲本不同的个体（即黑体长翅和灰体残翅），称为重组合（recombination）。这些重组类型就是 $b-vg$ 间发生交换的结果，如下图所示：

$$\text{P}\quad ♀\frac{+\,+}{+\,+}\times\frac{b\ vg}{b\ vg}♂$$

（灰、长）（黑、残）

↓

$$\text{F}_1\quad ♀\frac{+\,+}{b\ vg}\times\frac{b\ vg}{b\ vg}♂$$

↓ 测交

F_1 的♀蝇中有些生殖细胞如果出现基因重组，可产生 4 种配子：

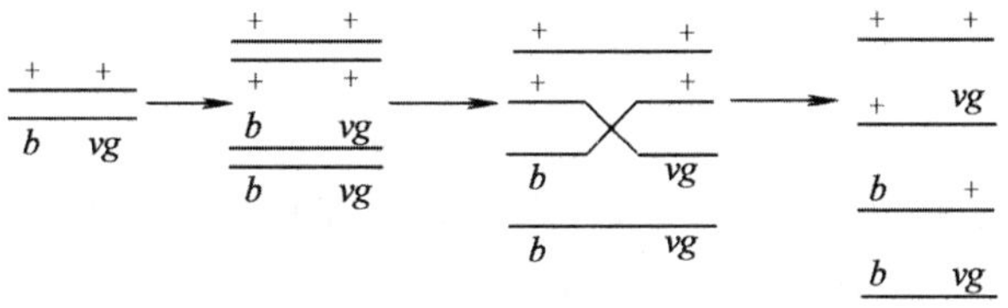

$$\frac{+\quad +}{b\quad vg}\rightarrow\ \frac{\frac{+\quad +}{+\quad +}}{\frac{b\quad vg}{b\quad vg}}\ \rightarrow\ (\text{交换})\ \rightarrow\ \frac{+\quad +}{},\ \frac{+\quad vg}{},\ \frac{b\quad +}{},\ \frac{b\quad vg}{}$$

所以某些 F_1 ♀蝇可形成 4 种配子，但 F_1♂蝇连锁完全，只产生 1 种配子，从而 F_2 为：

♂ \ ♀	$\frac{+\ +}{}$	$\frac{+\ vg}{}$	$\frac{b\ +}{}$	$\frac{b\ vg}{}$
$\frac{b\ vg}{}$	$\frac{+\ +}{b\ vg}$	$\frac{+\ vg}{b\ vg}$	$\frac{b\ +}{b\ vg}$	$\frac{b\ vg}{b\ vg}$

F_2 表型	灰、长	灰、残	黑、长	黑、残
数　目	536	112	120	515

这样便可以计算重组值，只要统计重组型的数目，除以总数（亲组型数 + 重组型数），就可得到重组百分比，或称重组值。遗传学上用除去 % 的重组值为两基因的距离。根据上面所得到的实际数字计算如下：

亲组型：$536+515=1\,051$

重组型：$112+120=232$

$$\text{重组值}=\frac{112+120}{1\,051+232}\times100\%=18.08\%$$

这说明 b 和 vg 之间的距离为 18.08。但这个数值还有标准差，根据公式 $\sqrt{p(1-p)/n}\times100\%$（$p$ 为重组值，n 为总数），得出的标准差是 $\sqrt{0.180\,8(1-0.180\,8)/1\,283}\times100\%=1.07\%$。因此这个重组值可写成（$18.08\pm1.07$）%。

（2）若用♀黑体长翅 $b+/b+$ 与♂灰体残翅 $+vg/+vg$ 进行杂交，F_1 也是杂合体的野生型 $b+/+vg$，但这是相斥相。取 F_1 ♀再与双突变型 bvg/bvg 回交，同样得到大量的亲组型和少量的重组型，同样可以用图表示，因与（1）基本相同，不再重复，与（1）不同之处是亲组型和重组型刚好相反：

表型	黑长	黑残	灰长	灰残	合计
数目	1 415	294	328	1 432	3 469

其中黑长和灰残为亲组型，黑残和灰长为重组合，经计算，这种交配方式得到的：

$$重组值=\frac{328+294}{3\ 469}\times 100\%=17.9\%$$

$$标准差=\sqrt{0.179(1-0.179)/3\ 469}\times 100\%=0.65\%$$

所以这个实验的重组值是（17.9 ± 0.65）%。

（1）和（2）两种不同的交配，得到的重组值基本一致，这说明基因之间的交换重组，只与基因的位置有关而与交配的类型无关，所以重组值大小可作为基因间的距离，两次重组值的差异可看作取样误差。

六、实验步骤

1. 收集雌性亲本的处女蝇。在本实验中亲代和 F_1 的雌蝇都应该用处女蝇。

2. 准备好培养基，把已麻醉的♀和♂果蝇，按其交配方式分别放入不同培养瓶内，进行杂交，贴上标签（标签方式与实验6相似）。

3. 6～7天后，见到 F_1 幼虫出现，可倒出亲本（倒干净！）。

4. 再过3～4天，检查 F_1 成蝇性状。应该都是野生型（灰身、长翅），若性状不符，表明实验有差错，不能再进行下去（错误的可能原因见实验四）。

5. 选5～6只 F_1 处女雌蝇，再与双突变型雄蝇进行测交。贴上标签。

6. 6～7天后倒出 F_1 ♀蝇和双突变型♂蝇（倒干净！）。

7. 再过3～4天，F_2 成蝇出现，麻醉后倒在白瓷板上，按其表型进行统计，可每隔两天统计一次，连续6～7天。统计方式如下：

统计日期	子代表型			
	灰长	灰残	黑长	黑残
合计				

七、实验结果的检验

实验中所得到的数据，是否符合理论值，要进行统计处理。分离比和重组值的检验，通常用 χ^2 检验（见实验6“果蝇的伴性遗传”）。根据本实验数据，计算结果如下：

交配方式：F_1♀ × 双突变型♂

即 $+\ +/b\ vg \times b\ vg/b\ vg$

↓

F_2 表型	理论比	实验值（O）	理论值（C）	（$O-C$）	（$O-C$）^{2}	（$O-C$）$^2/C$
灰长						
灰残						
黑长						
黑残						
合计						

根据遗传学连锁图记录，b 和 vg 之间的重组值为 18.5%，以此值为理论值，因此重组型的理论比各为 18.5% ÷ 2 = 0.092 5。亲组型的理论值是（1 – 18.5%）÷ 2 = 40.75%，有了理论值，可与实验值进行比较。

八、思考题

1. 重组值与基因之间的距离是等同的吗？为什么？
2. 当两个基因之间的重组值发生了很大变化，试分析其原因。

参考文献

1. 刘祖洞，江绍慧 . 遗传学 . 北京：人民教育出版社，1979.
2. 宇田一 . 実験遺伝學 . 東京：北隆館，1961.

实验 9

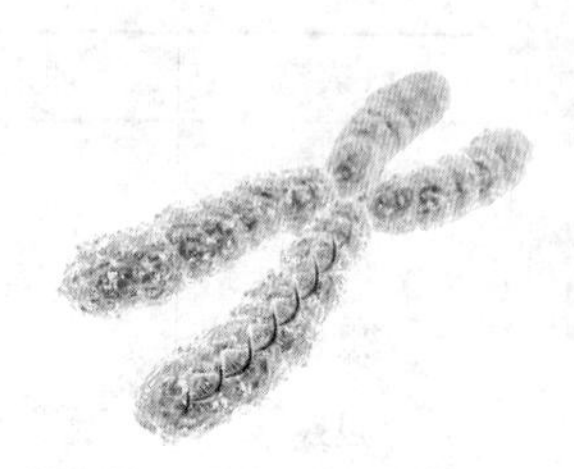

果蝇的三点试验

一、实验原理

基因图距是通过重组值的测定而得到的。如果基因座相距很近，重组率与交换率的值相等，可以根据重组率的大小作为有关基因间的相对距离，把基因顺序地排列在染色体上，绘制出基因图。可是如果基因间相距较远，两个基因间往往发生两次以上的交换，这时如简单地把重组率看作交换率，那么交换率就要低估了，图距自然也随之缩小了。这时需要利用实验数据进行校正，以便正确估计图距。根据这个道理，可以确定一系列基因在染色体上的相对位置。例如 *a*、*b*、*c* 三个基因是连锁的，要测定 3 个基因的相对位置可以用野生型果蝇（+ + +，表示 3 个野生型基因）与三隐性果蝇（*a*，*b*，*c*，表示 3 个突变隐性基因）杂交，制成三因子杂种 *a b c*/+ + +，再把雌性杂种与三隐性个体测交，由于基因间的交换，从而在下代中得到 8 种不同表型的果蝇，这样经过数据处理，一次试验就可以测出 3 个连锁基因的距离和顺序，这种方法，叫作三点测交或三点试验。

二、实验目的

1. 了解绘制遗传学图的原理和方法。
2. 学习实验结果的数据处理。

三、实验材料

黑腹果蝇品系：①野生型果蝇（+ + +），长翅、直刚毛、红眼；②三隐性果蝇（$m\ sn^3\ w$），小翅、焦刚毛、白眼。

四、实验器具和试剂

1. 用具

解剖镜，麻醉瓶，海绵，毛笔，镊子，吸水纸，培养瓶。

2. 试剂

乙醚。

五、实验说明

1. 性状特征

三隐性果蝇（$m\ sn^3\ w$）个体的翅膀比野生型的翅短些，翅仅长至腹端，称小翅（*m*），刚毛是卷曲的，称焦刚毛（sn^3）或卷刚毛，眼睛是白色（w）。这 3 个基因都在 X 染色体上。

2. 交配方式

把三隐性雌蝇与野生型雄蝇杂交，所得子一代的雌蝇是三因子杂种$\frac{m\ sn^3 w}{+\ +\ +}$，雄蝇是$\frac{m\ sn^3 w}{\longrightarrow}$（横线“——”表示一条 X 染色体，箭头横线“——→”表示一条 Y 染色体）。子一代雌、雄果蝇相互交配，得测交后代，如图 9–1 所示。

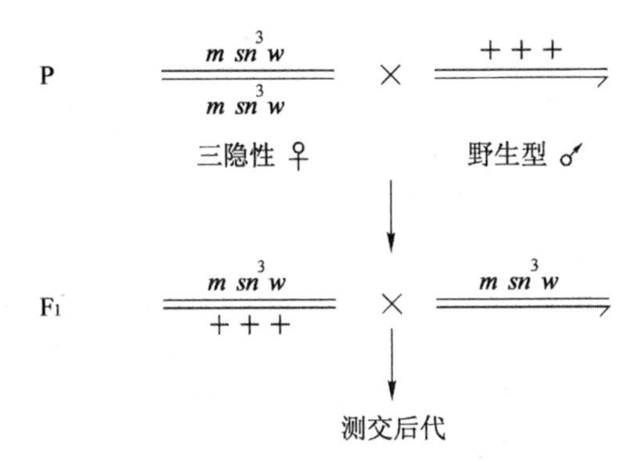

图 9–1　三点测交中得到测交后代的交配方式

子一代的雌蝇表型是野生型，雄蝇是三隐性。得到的测交后代其中多数个体与原来亲本相同。同时也会出现少量与亲本不同的个体，称重组型。重组型是基因间发生交换的结果（图 9–2）。

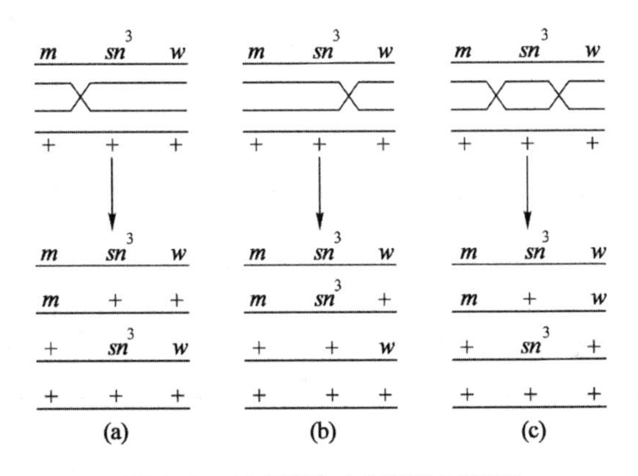

图 9–2　三点测交中得到的重组型

在连锁的三对基因杂种里，交换可以发生在 $m \sim sn^3$ 间（a），可以发生在 $sn^3 \sim w$ 间（b），或者同时发生在 $m \sim sn^3$ 间和 $sn^3 \sim w$ 间（c）。总共可以产生 8 种不同配子

子一代雌蝇是三因子杂合体，可形成 8 种配子，而子一代雄蝇是三隐性个体，所以子一代雌雄蝇相互交配时，子二代可得到 8 种表型。根据 8 种表型的相对频率，可以计算重组值，并确定基因排列顺序。

3. 图距和重组值的关系

图距表示基因间的相对距离，通常是由 2 个邻近的基因图距相加得来的。重组值表示了基因间的交换频率，所以图距往往并不同于重组值。图距可以超过 50%，重组值只会逐渐接近而不会超过 50%，只有基因相距较近时，图距才和重组值相等。

六、实验步骤

1. 收集三隐性个体的处女蝇，培养在培养瓶中，每瓶 5 ~ 6 只。

2. 杂交：挑出野生型雄蝇放到处女蝇瓶中去杂交，每瓶 5 ~ 6 只。贴好标签，在 25℃中培养。

$$\frac{m\ sn^3 w}{m\ sn^3 w} \times \frac{+\ +\ +}{}$$

♀　　　　♂

日期：　　　姓名：

3. 7 ~ 8 天以后，出现蛹。倒去亲本。

4. 再 4 ~ 5 天后，蛹孵化出子一代（F_1）成蝇，可以观察到 F_1 雌蝇全部是野生型表型，雄蝇都是三隐性。

5. 从 F_1 代中选 20 ~ 30 对果蝇，放到新的培养瓶中继续杂交。每瓶 5 ~ 6 对。

6. 7 ~ 8 天后，蛹出现，倒去亲本。

7. 再 4 ~ 5 天后，蛹孵化出子二代（F_2）成蝇，开始观察。

8. 把 F_2 果蝇倒出麻醉，放在白瓷板上，用实体显微镜检查眼色、翅形、刚毛。各类果蝇分别计数。检查过的果蝇倒掉。过 2 天后再检查第二批，连续检查 8 ~ 10 天，即 3 ~ 4 次。在 25℃下，自第一批果蝇孵化出 10 天内是可靠的，再迟时 F_3 代可能会出现了。要求至少统计 250 只果蝇。

七、实验结果

按下列顺序填表（表 9–1）和计算（所列数字系举例说明）。

1. 先写出所得到的 F_2 代 8 种表型，填上观察数，计算总数。

表 9–1　三点测交试验中观察的记录

	测交后代表型	观察数	重组发生的位置		
			$m—sn^3$	$m—w$	$w—sn^3$
{	sn^3　w　m	372	–	–	–
	+　+　+	285	–	–	–
{	+　w　+	95	–	+	+
	sn^3　+　m	97	–	+	+
{	sn^3　+　+	4	+	–	+
	+　w　m	4	+	–	+
{	+　+　m	91	+	+	–
	sn^3　w　+	52	+	+	–
	总计	1 000	151	335	200
	重组值		15.1%	33.5%	20.0%

2. 在表中用“+”“-”号表明基因是否发生重组。因为测交亲本是三隐性，所以若基因间有交换，便可在表型上显示出来。因而从测交后代的表型便可推知某 2 个基因是否重组。

3. 计算基因间的重组值。

$$m—sn^3\ \text{间的重组值} = \frac{151}{1\,000} \times 100\% = 15.1\%$$

$$m—w\ \text{间的重组值} = \frac{335}{1\,000} \times 100\% = 33.5\%$$

$$w—sn^3\ \text{间的重组值} = \frac{200}{1\,000} \times 100\% = 20.0\%$$

4. 绘制遗传学图（图 9-3）。

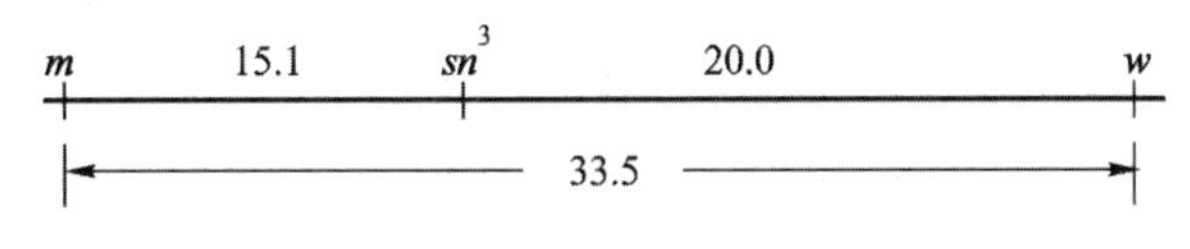

图 9-3　X 染色体上 3 基因的定位

$m—w$ 间重组值小于 $m—sn^3$ 间和 $sn^3—w$ 间重组值之和，这是什么原因？

5. 计算双交换值。

$m—w$ 间重组值小于 $m—sn^3$ 与 $w—sn^3$ 间重组值之和，这是因为两个相距较远的基因发生了双交换的结果。而这种发生了双交换的果蝇在基因顺序尚未揭晓时，也就是说，当遗传学图还没有画出时，是难以确定的。遗传学图画出以后，可以分析出 $m—w$ 间发生双交换能产生两种表型的果蝇：$m + w$（小翅、直刚毛、白眼）和 $+ sn^3 +$（长翅、卷刚毛、红眼）。这两种果蝇计有 8 只，在计算 $m—w$ 间重组值时，这个值没有被计算进去。2 个相距较远的基因的重组值被低估了，低估的值是

$$8/1\,000 \times 100\% = 0.8\%$$

因为是双交换，所以再乘以 2，得 $0.8\% \times 2 = 1.6\%$，这就是校正值。画出图距（图 9-4）。

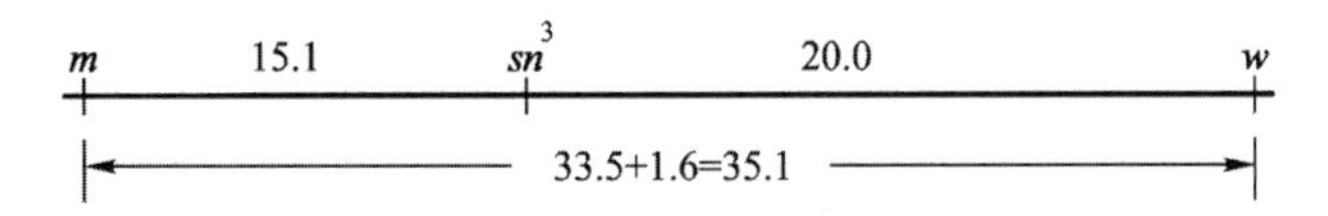

图 9-4　把双交换值考虑进去后，$m—w$ 间重组值刚好等于 $m—sn^3$ 与 $sn^3—w$ 间重组值之和

6. 计算并发率和干涉。

如果两个基因间的单交换并不影响邻近两个基因的单交换，那么预期的双交换频率应等于两个单交换频率的乘积。但实际上观察到的双交换频率往往低于预期值。因为每发生一次单交换，它邻近也发生一次交换的机会就减少一些，这叫作干涉。一般用并发率来表示干涉的大小。

$$\text{并发率} = \frac{\text{观察到的双交换频率}}{\text{两个单交换频率的乘积}}$$

$$\text{干涉} = 1 - \text{并发率}$$

在上例中：

$$并发率 = \frac{0.8\%}{15.1\% \times 20.0\%} = 0.26$$

$$干涉 = 1 - 0.26 = 0.74$$

八、思考题

1. 实验中发现不同组之间 w、sn^3、m 3个基因之间的相对距离的计算结果并不相同，试分析其产生的原因。

2. 为什么三点试验只能确定3个基因的相对位置？如何才能确定这3个基因之间的前后位置？

参考文献

1. 刘祖洞，江绍慧. 遗传学. 北京：人民教育出版社，1979.

2. Smith-Keary P F. Genetic Structure and Function. New York：John Wiley and Sons，1975.

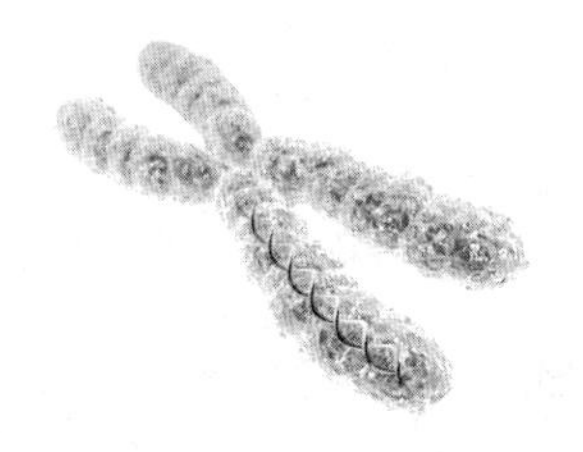

实验 10

粗糙链孢霉的杂交

一、实验原理

粗糙链孢霉（*Neurospora crassa*）属于真菌中的子囊菌纲。它是进行顺序排列的四分体的遗传学分析的好材料。粗糙链孢霉的菌丝体是单倍体（$n=7$），每一菌丝细胞中含有几十个细胞核。由菌丝顶端断裂形成分生孢子。分生孢子有两种，小型分生孢子中含有一个核，大型分生孢子中含有几个核。分生孢子萌发成菌丝，可再生成分生孢子，周而复始，这是粗糙链孢霉的无性生殖过程。

粗糙链孢霉的菌株有两种不同的接合型（mating type），用 A、a 或 mt^+、mt^- 表示，它们受一对等位基因控制。不同接合型菌株的细胞接合产生有性孢子，这过程称为有性生殖。有性生殖可以通过两种方式进行：

1. 当菌丝在有性生殖用的杂交培养基上增殖时，就会产生许多原子囊果，内部附有产囊体，若另一接合型的分生孢子落在这原子囊果的受精丝上时，分生孢子的细胞核进入受精丝，到达原子囊果的产囊体中，形成接合型基因的异核体。进入产囊体中的分生孢子的核发生分裂，并进入产囊菌丝中，被隔膜分成一对细胞，形成钩状细胞，亦称原子囊。钩状细胞顶端细胞的两个核形成合子，合子核再进行减数分裂，成为 4 个单倍体的核，就是四分体，再进行一次有丝分裂，变成 8 个核，顺序地排列在一个子囊中。原子囊果在受精后增大变黑，成熟为子囊果。一个子囊果中集中着 30 ~ 40 个子囊，成熟的子囊孢子呈橄榄球状，长 30 ~ 40 μm，比 3 ~ 5 μm 的分生孢子要大得多。子囊孢子如经 60℃处理 30 ~ 60 min，便会发芽，长出菌丝，再度开始无性繁殖（图 10–1）。

2. 不同接合型的菌株的菌丝连接，两种接合型的细胞核发生融合形成合子，产生子囊果。

粗糙链孢霉的子囊孢子是单倍体细胞，由它发芽长成的菌丝体也是单倍体。所以一对等位基因决定的性状在杂交子代中就能分离。在粗糙链孢霉中，一次减数分裂产物包含在一个子囊中，所以很容易看到一次减数分裂所产生的四分体中一对基因的分离，这就直观地证明基因的分离，并证明基因在染色体上。同时由于 8 个子囊孢子顺序地排列在子囊中，这就可以测定着丝粒距离并发现基因转变（gene conversion）。若两个亲代菌株有某一遗传性状的差异，那么杂交所形成的每一子囊，必定有 4 个子囊孢子属于一种类型，4 个子囊孢子属于另一类型，它们的分离比例是 1 : 1，而且子囊孢子按一定顺序排列。如果这一对等位基因与子囊孢子的颜色或形状有关，那么在显微镜下可以直接观察到子囊孢子的不同排列方式。

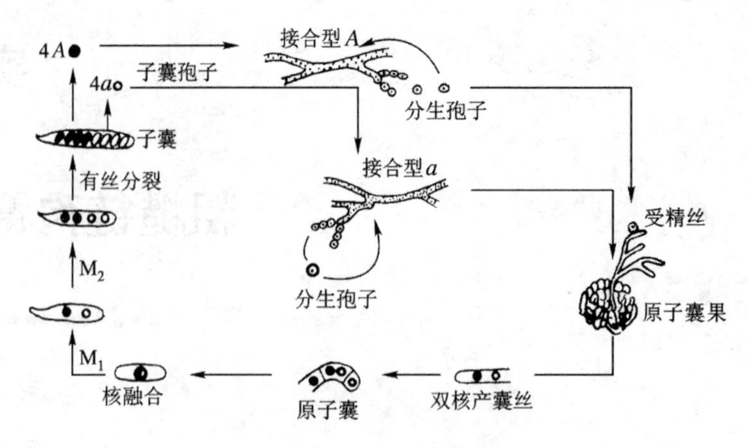

图 10-1　链孢霉生活史

本实验用赖氨酸缺陷型（记作 Lys^-）与野生型（记作 Lys^+）杂交，得到的子囊孢子分离为 4 个黑的（+），4 个灰的（-）。黑的孢子是野生型；赖氨酸缺陷型孢子成熟迟，所以呈灰色。根据黑色孢子和灰色孢子在子囊中的排列顺序，可有 6 种子囊类型。

（1）+ + + + - - - -
（2）- - - - + + + +
第一次分裂分离子囊

（3）+ + - - + + - -
（4）- - + + - - + +
（5）+ + - - - - + +
（6）- - + + + + - -
第二次分裂分离子囊

子囊型（1）和（2）的产生如图 10-2。第一次减数分裂（M_1）时，带有 Lys^+ 的两条染色单体移向一极，而带有 Lys^- 的两条染色单体移向另一极。Lys^+/Lys^- 这对基因在第一次减数分裂时分离，称第一次分裂分离（first division segregration）。第二次减数分裂（M_2）时，每一染色单体相互分开，形成四分体，顺序是 + + - - 或 - - + +，再经过一次有丝分裂，成为（1）和（2）子囊型。形成这两种子囊型时，在着丝粒和基因对 Lys^+/Lys^- 间未发生过交换，是第一次分裂分离子囊。

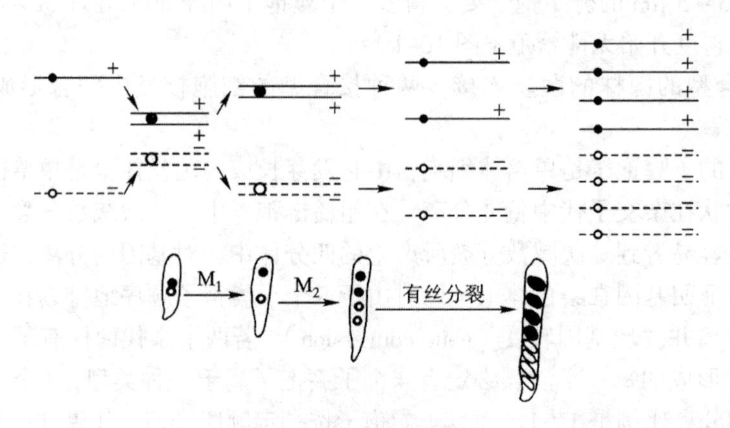

图 10-2　第一次分裂分离

图 10–3 表示子囊型（3）和（4）的形成。由于 *Lys* 基因与着丝粒间发生了一个交换，Lys^+/Lys^- 在第一次减数分裂时没有分离，到第二次减数分裂（M_2）时，带有 Lys^+ 的染色单体才和带有 Lys^- 的染色单体相互分开，所以称为第二次分裂分离（second division segregation）。然后再经一次有丝分裂，形成 4 个孢子对，顺序是 + + − − + + − − 或 − − + + − − + +。这是第二次分裂分离子囊。

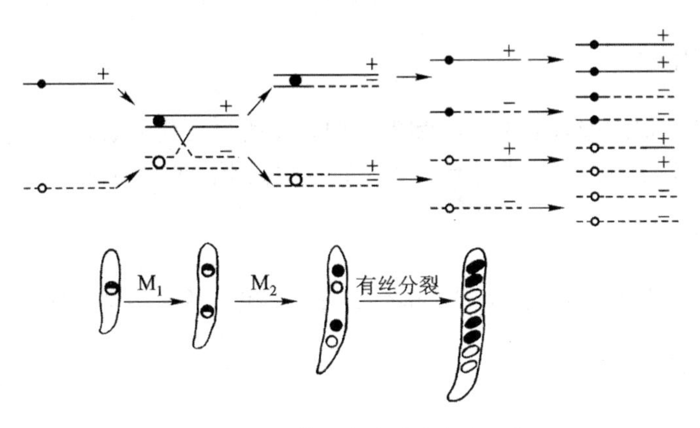

图 10–3 第二次分裂分离（一）

（5）和（6）子囊型的形成与（3）和（4）类似，也是两个染色单体发生了交换，不过交换不是发生在第 2 条染色单体与第 3 条染色单体之间，而是发生在 1、3 或 2、4 两条染色单体之间（图 10–4）。

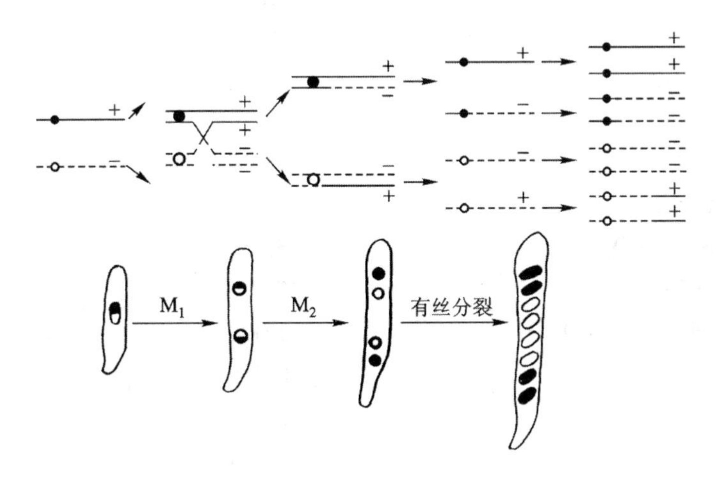

图 10–4 第二次分裂分离（二）

从上面的分析可知，第二次分裂分离子囊的出现，是由于有关的基因和着丝粒之间发生了一次交换的结果。第二次分裂分离子囊愈多，则有关基因和着丝粒之间的距离愈远。所以由第二次分裂分离子囊的频度可以计算某一基因和着丝粒之间的距离，称为着丝粒距离。因为交换在两条染色单体之间发生而与另外两条无关，而每发生一次交换，产生一个第二次分裂分离子囊，所以，求出第二次分裂分离子囊在所有子囊中所占的比例，再乘以 1/2，就可以决定某一基因与着丝粒间的重组值。

$$着丝粒和基因间的重组值=\frac{第二次分裂分离子囊数}{子囊总数}\times\frac{1}{2}\times100\%$$

重组值除去 %，即作为图距。

$$某基因的着丝粒距离=\frac{第二次分裂分离子囊数}{子囊总数}\times\frac{1}{2}\times100\ 图距单位$$

二、实验目的

通过对粗糙链孢霉的赖氨酸缺陷型和野生型杂交所得后代的表现型的分析，了解顺序排列的四分体的遗传学分析方法，进行有关基因的着丝粒距离的计算和作图。

三、实验材料

粗糙链孢霉：①野生型菌株，Lys^+，接合型 α；②赖氨酸缺陷型菌株，Lys^-，接合型 a。

四、实验器具和试剂

1. 用具

显微镜，钟表镊，解剖针，接种针，载玻片，试管，培养皿。

2. 培养基

（1）基本培养基（野生型可生长，缺陷型不能生长）：50 倍浓度的贮存液。

成分	用量	
柠檬酸钠 · $2H_2O$（$Na_3C_6H_5O_7 \cdot 2H_2O$）	125 g	
KH_2PO_4	250 g	
NH_4NO_3	100 g	
$MgSO_4 \cdot 7H_2O$	10 g	
$CaCl_2 \cdot 2H_2O$	5 g	
生物素溶液（5 mg/100 mL）	5 mL	
微量元素溶液		
柠檬酸 · $2H_2O$	5.00 g	
$ZnSO_4 \cdot 7H_2O$	5.00 g	
$Fe(NH_4)_2(SO_4)_2 \cdot 6H_2O$	1.00 g	
$CuSO_4 \cdot 5H_2O$	0.25 g	5 mL
$MnSO_4 \cdot H_2O$	0.05 g	
H_3BO_3	0.05 g	
$Na_2MoO_4 \cdot 2H_2O$	0.05 g	
蒸馏水	100 mL	
氯仿	1 mL	
蒸馏水	1 000 mL	
氯仿（防腐）	2 ~ 3 mL	

用前稀释贮存液，再加 15 g/L 的蔗糖，pH 5.8。如加 20 g/L 琼脂，即成基本固体培养基。

（2）补充培养基：在基本培养基上补加一种或多种生长物质，如氨基酸、核酸碱基、维生素等。氨基酸用量一般是 100 mL 基本培养基中加 5 ~ 10 mg。

本实验所用的补充培养基只要在基本培养基中加适量的赖氨酸，赖氨酸缺陷型菌株就能生长。

（3）完全培养基：

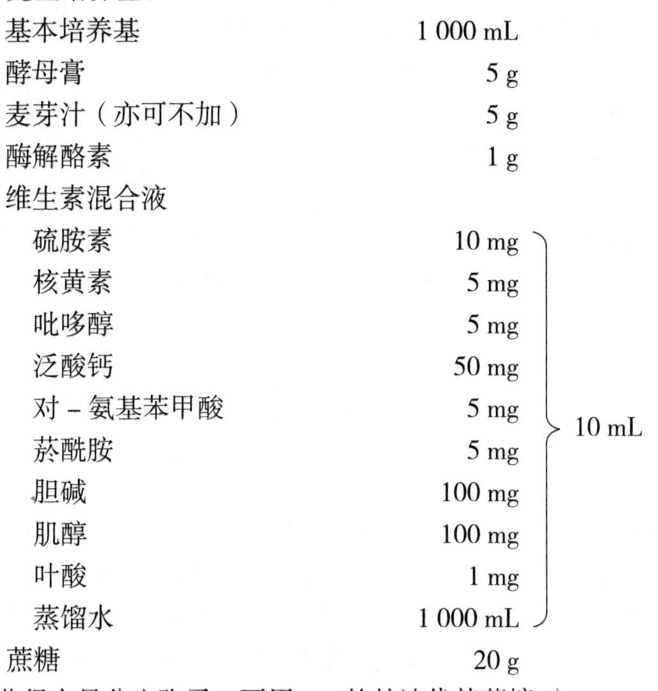

成分	用量	
基本培养基	1 000 mL	
酵母膏	5 g	
麦芽汁（亦可不加）	5 g	
酶解酪素	1 g	
维生素混合液		10 mL
硫胺素	10 mg	
核黄素	5 mg	
吡哆醇	5 mg	
泛酸钙	50 mg	
对 – 氨基苯甲酸	5 mg	
菸酰胺	5 mg	
胆碱	100 mg	
肌醇	100 mg	
叶酸	1 mg	
蒸馏水	1 000 mL	
蔗糖	20 g	

（为获得大量分生孢子，可用 1% 的甘油代替蔗糖。）

如加 20 g/L 琼脂，即为完全固体培养基。

（4）麦芽汁培养基：可以代替完全培养基，配方简单。8°Be 麦芽汁 2 份，蒸馏水 1 份，再加 2% 琼脂。

（5）马铃薯培养基：也可以代替完全培养基。将马铃薯洗净去皮，切碎，取 200 g，加水 1 000 mL，煮熟，然后用纱布过滤，弃去残渣，滤下的汁加 20 g/L 琼脂，20 g 蔗糖，煮融，分装到试管中。也可将马铃薯切成黄豆大小的碎块，每支试管放 3 ~ 4 粒，再加入融化好的琼脂、蔗糖。

上述培养基都需分装到试管后，在 55 kPa 压力下消毒 30 min，取出斜摆，成为斜面，备用。

（6）固体培养基：

成分	用量
KH_2PO_4	1.0 g
$MgSO_4 \cdot 7H_2O$	0.5 g
KNO_3	1.0 g
NaCl	0.1 g
$CaCl_2 \cdot 2H_2O$	0.13 g
生物素	20 μg（或 5 mg/100 mL 溶液 0.4 mL）
微量元素溶液	1 mL（成分同基本培养基中微量元素溶液，配成 4 倍浓度的溶液，稀释使用）

蒸馏水　　1 000 mL
蔗糖　　20 g
pH 6.5

加 20 g/L 琼脂即成固体培养基。

（7）杂交培养基：将玉米在水中浸软，破碎，每试管放 2 ~ 3 粒，加入少量琼脂（0.1 g 左右），再放入一小片经多次折叠的滤纸（长 3 ~ 4 cm），加上棉塞，消毒即成，不需摆斜面。

3. 试剂

50 g/L 次氯酸钠（NaClO），50 g/L 苯酚。

五、实验步骤

1. 菌种活化：为使菌种生长得更好，先要进行菌种活化。把野生型和赖氨酸缺陷型菌种从冰箱中取出，分别接在两支完全培养基试管斜面上，28℃温箱培养 5 天左右。培养到菌丝的上部有分生孢子产生。

2. 杂交：接种亲本菌株，可采用下述方法。

（1）同时在杂交培养基上接种两亲本菌株的分生孢子或菌丝，25℃温箱进行混合培养。注意要贴上标签，写明亲本菌株及杂交日期。在杂交后 5 ~ 7 天就能看到许多棕色的原子囊果出现，以后原子囊果变大变黑成子囊果，在 7 ~ 14 天左右，就可在显微镜下观察。

（2）在杂交培养基上接种一个亲本菌株，25℃培养 5 ~ 7 天后即有原子囊果出现。同时准备好另一亲本菌株的分生孢子，悬浊于无菌水中（近于白色的悬浊液），将此悬浊液加到形成原子囊果的培养物表面，使表面基本湿润即可（每支试管约加 0.5 mL），继续在 25℃培养。原子囊果在加进分生孢子 1 天后即可开始增大变黑成子囊果，7 天后即成熟。

3. 显微镜观察：

（1）在长有子囊果的试管中加少量无菌水，摇动片刻，把水倒在空三角瓶中，加热煮沸，以防止分生孢子飞扬。

（2）取一载玻片，滴 1 ~ 2 滴 50 g/L 次氯酸钠，然后用接种针挑出子囊果放在载玻片上（若附在子囊果上的分生孢子过多，可先在 50 g/L 次氯酸钠中洗涤，再移到载玻片上），用另一载玻片盖上，用手指压片，将子囊果压破，置显微镜下（10 × 15 倍）检查，即可见到 30 ~ 40 个子囊。观察子囊中子囊孢子的排列情况。这里用载玻片盖上压片而不用盖玻片，是因为子囊果很硬，用盖玻片压，盖玻片会破碎。也可在显微镜下用镊子把子囊果轻轻夹破，挤出子囊。如发现 30 ~ 40 个子囊像一串香蕉一样，可加一滴水，用解剖针把子囊拨开。此过程无需无菌操作，但要注意不能使分生孢子散出。观察过的载玻片、用过的镊子和解剖针等物都需放入 50 g/L 的苯酚中浸泡后取出洗净，以防止污染实验室。

操作步骤见图 10–5。

4. 实验步骤说明：

（1）实验所用的赖氨酸缺陷型，有时接种在完全培养基上也长不好，需要加适量赖氨酸。

（2）杂交后培养温度要控制在 25℃，30℃以上即抑制原子囊果的形成。

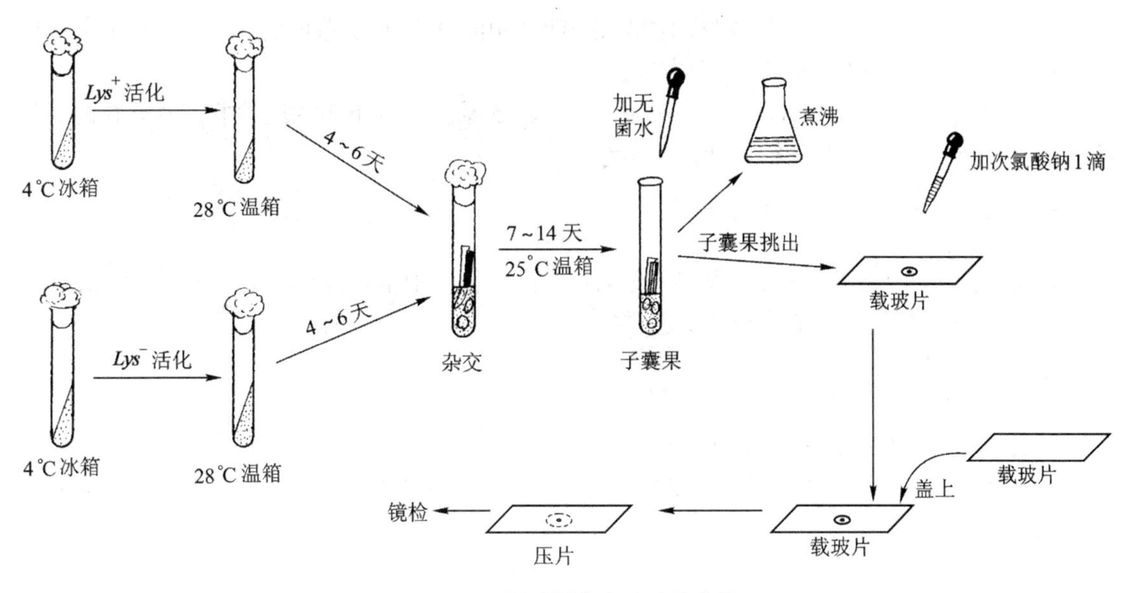

图 10-5　链孢霉杂交实验的步骤

六、实验结果

1. 观察一定数目的子囊果，记录每个完整子囊的类型，计算 *Lys* 基因的着丝粒距离。

子囊类型	观察数
＋＋＋＋－－－－	
－－－－＋＋＋＋	
＋＋－－＋＋－－	
－－＋＋－－＋＋	
＋＋－－－－＋＋	
－－＋＋＋＋－－	
合计	

2. 绘一显微镜下观察到的杂交子囊的图。
3. 说明粗糙链孢霉中基因分离现象和高等动物、高等植物中基因分离的主要区别。
4. 用图表示第六种子囊类型的形成。
5. 实验结果说明：

（1）赖氨酸缺陷型的子囊孢子成熟较迟，当野生型的子囊孢子已成熟而呈黑色时，赖氨酸缺陷型的子囊孢子还呈灰色，因而我们能在显微镜下直接观察不同的子囊类型。但是如果观察时间选择不当，就不能看到好的结果。过早，所有子囊孢子都未成熟，全为灰色；过迟，赖氨酸缺陷型的子囊孢子也成熟了，全为黑色，就不能分清各种子囊类型。所以在子囊果形成期间，要预先观察子囊孢子的成熟情况，选择适当时间进行显微镜观察。

（2）有时观察到的子囊孢子的排列为＋＋＋＋＋＋－－，＋＋－－－－－－，＋＋＋＋＋－－－，－－－＋＋＋＋＋，即为 6∶2 或 2∶6 的分离比和 5∶3 或 3∶5 的分离比。排除

上面第（1）点说明的原因外，这样的情况的出现是由于基因转变造成的。基因转变的频率因基因位点不同而异，但一般在 1% 左右。

（3）本实验用的赖氨酸缺陷型菌株为 *Lys5*，*Lys5* 基因座位于第六连锁群，着丝粒距离约为 14.8 图距单位。可供实验结果计算时参考。

七、思考题

1. 粗糙链孢霉中基因分离现象和高等动物、高等植物中基因分离的主要区别是什么？
2. 第六种子囊类型的形成模式是怎样的？

参考文献

1. 盛祖嘉 . 微生物遗传学 . 北京：科学出版社，1981.

2. Fincham J R S，Day P R，Radford A. Fungal Genetics. 4th ed. Hoboken：Blackwell Scientific Publications，1979.

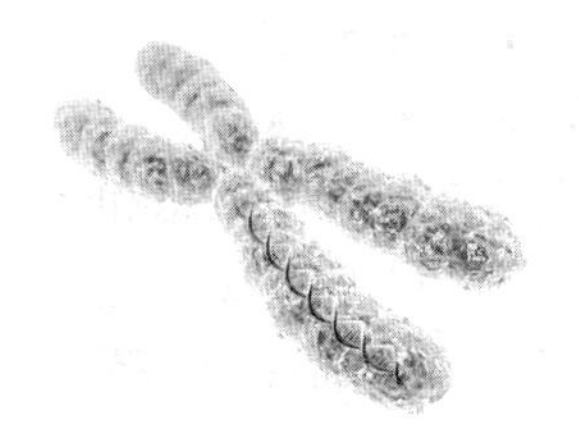

实验 11

大肠杆菌杂交

一、实验原理

Lederberg 和 Tatum（1946）选用典型的大肠杆菌为材料，筛选营养缺陷型。利用双重和三重缺陷型的菌株，在简单的合成培养基上混合培养，在此培养基上只有重组子能长，亲本不能长，即所谓选择性培养，使细菌杂交获得成功。图 11-1 说明了细菌的基因重组是不同基因型的细菌经接触，接合后随之发生交换和杂种细菌分离的过程。

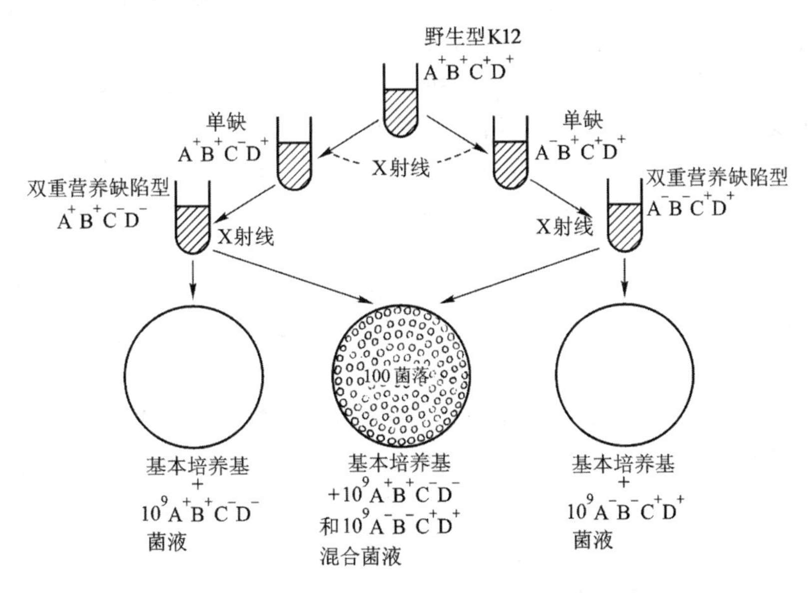

图 11-1　Lederberg 和 Tatum 的最初实验图解

大肠杆菌的杂交试验中发现有些菌株经混合培养能得到重组子，有些却不能。1952 年 Hayes 做了一个实验，他所用的 2 个菌株是菌株 A 和菌株 B。菌株 A 不能合成甲硫氨酸和生物素；菌株 B 是苏氨酸、亮氨酸和维生素 B_1 的三重缺陷型。Hayes 首先筛选链霉素抗性突变型 AS^r 和 BS^r，然后在不含链霉素的基本培养基上进行正反杂交，结果没有不同，但在含链霉素的基本培养基上进行正反杂交，结果却不一样，在 $AS^s \times BS^r$ 杂交中能得到重组子，可是 $AS^r \times BS^s$ 杂交中却并不出现重组菌落。这一现象说明大肠杆菌中有不同的"性"，它与致育因子 F 有关。同时按细胞中有无 F 因子将大肠杆菌分为两类：有 F 因子的为 F^+，没有 F 因子的

为 F^-。F 因子是一个小的 DNA 环状分子，相对分子质量约 4.5×10^6。带有 F 因子的细胞，表面有一种称为性菌毛的毛状突起，长 1 ~ 20 μ。性菌毛上有雄性专一噬菌体（MS2、k17、f_2、$Q\beta$ 等）的吸附位点，又和细胞的接合有关。F 因子在细胞中能以两种状态存在：游离状态和整合到寄主染色体的一定位置。以致带有 F 因子的大肠杆菌可分为两类：F^+ 和 Hfr 菌株。经吖啶橙处理，F^+ 变为 F^-，而 Hfr 性质不变，说明 F 因子在 F^+ 菌株中呈游离状态，而在 Hfr 菌株中则整合到寄主染色体的一定位置（图 11–2）。

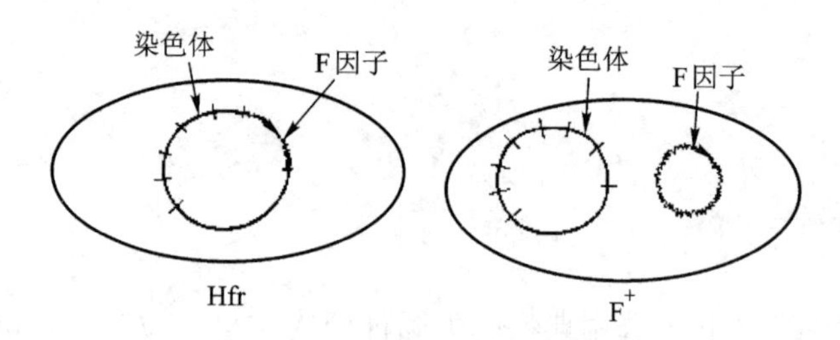

图 11–2　大肠杆菌 F^+ 和 Hfr 菌株

大肠杆菌杂交在 F^+ 与 F^- 菌株之间进行，通过细胞的暂时沟通，形成局部合子。在部分合子的形成中，提供部分染色体或少数基因的菌称为供体菌，提供整个染色体的菌称为受体菌；所以 F^+ 和 Hfr 是供体细菌，F^- 是受体菌。F^+ 和 F^- 能杂交，Hfr 和 F^- 也能杂交，F^- 和 F^- 则不能杂交；但这两个可杂交组合其特性不同，主要表现在：① Hfr 细菌和 F^- 细菌杂交以后 F^- 细菌性质不变，F^+ 和 F^- 细菌杂交以后 F^- 细菌转变为 F^+（约 70%）。② F^+ 和 F^- 细菌杂交重组频率 10^{-6}，Hfr 和 F^- 细菌杂交重组频率高出 F^+ 菌株几百倍，称高频重组。

在 F^+ 与 F^- 杂交中，F 因子由 F^+ 供体高频转移到 F^- 受体，低频转移宿主染色体的标记。原因是 F^+ 群体中每个细胞能转移性因子到 F^- 受体，只有小部分细胞能转移染色体的标记。在 Hfr 与 F^- 杂交中，Hfr 供体的染色体由原点（在 F 因子内）开始转移进入受体菌，在这过程中 F 因子被割裂，一些 F 因子基因是首先进入，另一些是最后进入。在这类杂交中只有当交配过程长到足以允许整个供体染色体被转移入 F^- 受体，受体细胞才能由 F^- 变为 Hfr。

杂交实验有多种不同方法，这里介绍的是直接混合培养和液体培养。直接混合培养法操作简单，适用于确定两个菌株间能否杂交或测定重组频率的高低，而液体培养适宜于细菌的基因定位。

二、实验目的

1. 学习掌握大肠杆菌培养的基本技术。
2. 了解大肠杆菌杂交的基本原理。

三、实验材料

大肠杆菌（*Escherichia coli*）K12 的四个菌株：K12 Pro（λ）F^+；W1485 His Ile F^+；W1177 Thr Leu thi xyl gal ara mtl mal lac str^r（λ）F^-；HfrC Met Trp。

Pro：脯氨酸，(λ)：原噬菌体整合在染色体上，His：组氨酸，Ile：异亮氨酸，Thr：苏氨酸，Leu：亮氨酸，thi：维生素 B_1，xyl：木糖，gal：半乳糖，ara：阿拉伯糖，mtl：甘露醇，mal：麦芽糖，lac：乳糖，str^r：链霉素抗性，Met：甲硫氨酸，Trp：色氨酸。

四、实验器具和试剂

1. 用具

灭菌培养皿（9 cm），灭菌三角瓶（150 mL），灭菌吸管（1、5、10 mL），灭菌离心管，灭菌空试管。

2. 培养基

（1）基本培养基 Vogel 50×*：$MgSO_4 \cdot 7H_2O$ 10 g，柠檬酸 100 g，$NaNH_4HPO_4 \cdot 4H_2O$ 175 g，K_2HPO_4 500 g（$K_2HPO_4 \cdot 3H_2O$ 644 g），蒸馏水约 1 000 mL**。配好后放入冰箱保存备用。

（2）平板用基本培养基：Vogel 50×2 mL，葡萄糖 2 g，琼脂 2 g***，蒸馏水 98 mL，pH 7.0，55 kPa 高压灭菌 30 min。

（3）液体完全培养基（肉汤培养基）：牛肉膏 0.5 g，蛋白胨 1 g，NaCl 0.5 g，蒸馏水 100 mL，pH 7.2，103 kPa 高压灭菌 15 min。

（4）半固体培养基：琼脂 0.7～1 g，蒸馏水 100 mL，pH 7.0，103 kPa 高压灭菌 15 min。

五、实验说明

大肠杆菌中除了不同型细胞的接合外，同型细胞 F^+ 与 F^+ 或 Hfr 与 Hfr 也能接合，但重组频率很低。细胞中的 F 因子使细胞壁的抗原发生了变化，这些不同于 F 性菌毛的表面成分阻止了 F^+ 与 F^+ 细胞杂交。经培养后处于饥饿条件下的 F^+ 细胞丧失了它们的表面排斥性，才能与其他 F^+ 细胞接合（这种改变是暂时的，一旦在新鲜培养基中，继续生长正常的表面特性又恢复），这些表型上的“F^- 细胞”称为拟表型。在抑制新的 F 性菌毛和表面成分形成的条件下生长，如低温下连续通气培养 24～48 h，能增加拟表型的百分数。

1946 年 Lederberg 和 Tatum 开始发现细菌的接合以后，普遍认为 DNA 的转移必须 F^+（Hfr）与 F^- 细胞紧密接触。Anderson 等于 1957 年根据电镜照片指出接合细胞之间形成了桥。之后发现 F^+（Hfr）和性菌毛之间的关系，认为细菌染色体和专一雄性噬菌体通过性菌毛而转移。后来的电镜照片已经发现接合细胞通过性菌毛接触，并有实验依据。细胞接合后，供体中的 DNA 开始合成。一个单链 DNA 转移入受体并合成一条新的互补链；这过程能以 DNA 复制的滚环模型来说明。

上面提到带有 F 因子的大肠杆菌有 F^+ 和 Hfr 两类，实际上并不是所有的 Hfr 全是相当稳定的，在许多 Hfr 群体中含有回复子，在这些回复子中 F 因子不再整合在染色体上，而回复到游离状态，当 F 因子脱离寄主染色体时携带了细菌的基因，例如 *lac* 和 *gal* 等，这称之为 F′ 因子。带有 F′ 因子的菌称为 F′ 菌株。F′ 菌株也能与 F^- 杂交，现被广泛应用于细菌的研究工作。

---

* 即浓度为使用浓度的 50 倍。

** 将称好的药品分别溶解于 670 mL 蒸馏水中，待一种药品溶解后再放另一种药品，直至全部药品都溶解，然后加水定容到 1 000 mL。

*** 琼脂的添加量为 1.5 ～ 2 g，根据琼脂的质量而定。凝固性能好的琼脂，可少加一些，反之，则要多加一些。

六、实验步骤

1. 菌液制备（细菌的培养与操作见网上资源“视频 11–1”）

（1）实验前 14 ~ 16 h，从冰箱保存的斜面菌种中挑少量菌于盛有 5 mL 完全液体培养基的三角烧瓶中。每一个菌株接种一瓶，共接种 4 瓶，置 37℃培养过夜。

（2）取出培养过夜的细菌，在 W1177 一瓶菌液中加入 5 mL 新鲜的完全培养液，充分摇匀，等量分成 2 瓶；其余 3 瓶菌液分别用灭菌的 5 mL 吸管，各吸出 2.5 mL 菌液，然后再各加入 2.5 mL 新鲜的完全培养液，充分摇匀，各菌于 37℃继续培养 3 ~ 5 h。

（3）自温箱取出三角烧瓶，分别倒入离心管，菌株 W1177 倒入两支离心管，其余菌株各倒入一支离心管，离心沉淀，3 500 r/min 离心 10 min。

（4）倒去上清液，打匀沉淀，加入无菌水，离心洗涤 3 次，再加无菌水到原体积。

2. 杂交 – 混合培养

（1）取 12 支灭菌试管，每支吸入 3 mL 经融化的半固体培养基，并保温在 45℃（保温温度不宜高，北方气温低，可降低半固体中的琼脂量）。

（2）12 支试管分成三个杂交组合，即 W1177 × K12Pro；W1177 × W1485；W1177 × HfrC。每个组合各 4 支试管，其中 2 支为对照，2 支为混合菌液。

（3）对照组试管各吸 F^+ 或 Hfr 供体菌菌液 1 mL，其余按杂交组合各吸供体菌和受体菌菌液 0.5 mL，充分混匀。

（4）将各试管中含菌的半固体倒在有 Vogel 培养基底层的平板上，摇匀待凝，放 37℃培养，48 h 后观察（图 11–3）。

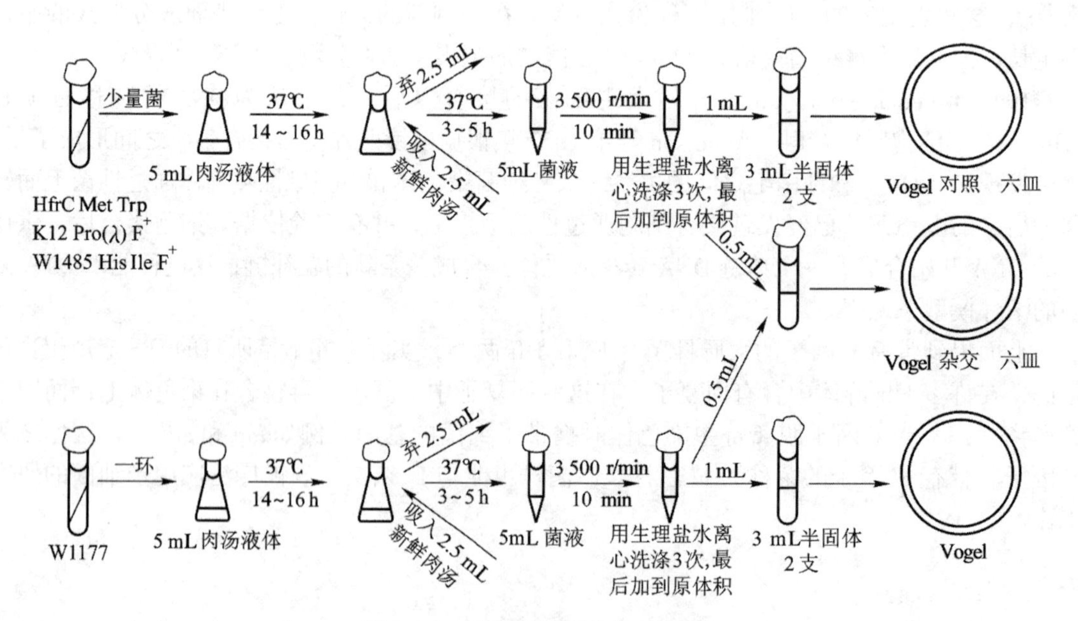

图 11–3 大肠杆菌杂交试验图解

七、实验结果记录

组合 皿号	重组子数			对照		
	W1177 × K12Pro	W1177 × W1485	W1177 × HfrC	W1485	HfrC	K12Pro
Ⅰ						
Ⅱ						

八、思考题

1. 实验中，W1177 菌株与 K12Pro、W1485、HfrC 中的哪一种菌株杂交产生的重组子最多，原因是什么？

2. 影响大肠杆菌杂交的因素有哪些？

参考文献

1. 盛祖嘉 . 微生物遗传学 . 北京：科学出版社，1981.

2. Jacob F，Wollman E L. Sexuality and the Genetics of Bacteria. New York：Academic Press，1961.

3. Miller J H. Experiments in Molecular Genetics. Cold Spring Harbor：Cold Spring Harbor Laboratory，1972.

实验 12

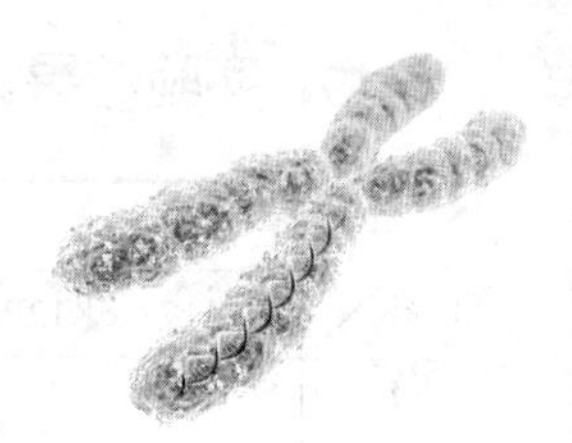

大肠杆菌营养缺陷型菌株的筛选

一、实验原理

在以微生物为材料的遗传学研究中，用某些物理因素或化学因素处理细菌，使基因发生突变，丧失合成某一物质（如氨基酸、维生素、核苷酸等）的能力，因而它们不能在基本培养基上生长，必须补充某些物质才能生长。这样从野生型经诱变筛选得到的菌株，称为营养缺陷型。筛选营养缺陷型菌株必须经过以下几个步骤：诱变处理、淘汰野生型、检出缺陷型、鉴定缺陷型。由于本实验是以大肠杆菌为材料，所以根据细菌的特性分别说明筛选的步骤。

诱变剂的作用主要是提高突变频率，它分为物理和化学诱变剂两类。物理诱变剂常用的有 X 射线、紫外线、快中子、γ 射线等。诱变处理首先是选择诱变剂，微生物诱变中最常用的物理诱变剂是紫外线。

诱变剂所处理的微生物，一般要求呈单核的单细胞或单孢子的悬浮液，分布均匀，这样可以避免出现不纯的菌落。用于诱变处理的微生物一般处于对数生长期，那时的细菌对诱变剂的反应最灵敏。

诱变处理必须选择合适的剂量，剂量的表示有两种：绝对剂量和相对剂量。绝对剂量的单位以尔格 /cm^2 表示，一般用相对剂量。相对剂量与三个因素有关，这三个因素是：诱变源和处理微生物的距离、诱变源（紫外灯）的功率以及处理的时间。前两个因素是固定的，所以通过处理时间控制诱变剂量。各种微生物的处理最适剂量是不同的，须经预备实验确定。

经处理以后的细菌，缺陷型还是相当少的，必须设法淘汰野生型细胞，提高营养缺陷型细胞所占比例，以达到浓缩缺陷型的目的。细菌中常用的浓缩法是青霉素法。青霉素是杀菌剂，它只杀死生长的细胞，对不生长的细胞没有致死作用。所以在含有青霉素的基本培养基中野生型能生长而被杀死，缺陷型不能生长被保存得以浓缩。

检出缺陷型的方法有逐个测定法、夹层培养法、限量补给法和影印培养法。这里主要以逐个测定法为例进行说明。把经过浓缩的缺陷型菌液接种在完全培养基上，待长出菌落后，将每一菌落分别接种在基本培养基和完全培养基上。凡是在基本培养基上不能生长而在完全培养基上能长的菌落就是营养缺陷型。

经初步确定为营养缺陷型的菌用生长谱法鉴定。在同一培养皿上测定一个缺陷型对多种化合物的需要情况。

二、实验目的

1. 了解紫外线诱变育种的原理和方法。
2. 学习掌握微生物接种及划线分离等基本技术，巩固加强无菌操作技术。
3. 掌握大肠杆菌营养缺陷型的筛选原理和方法。

三、实验材料

大肠杆菌（*Escherichia coli*）K12 的野生型菌株 K12SF$^+$。

四、实验器具和试剂

1. 用具

灭菌培养皿（9 cm），灭菌三角烧瓶（150 mL），灭菌吸管（1.5 mL），灭菌离心管。

2. 培养基

（1）肉汤液体培养基：牛肉膏 0.5 g，蛋白胨 1 g，NaCl 0.5 g，蒸馏水 100 mL，pH 7.2，103 kPa 高压灭菌 15 min。

（2）加倍肉汤液体培养基（2 E）：牛肉膏 0.5 g，蛋白胨 1 g，NaCl 0.5 g，蒸馏水 50 mL，pH 7.2，103 kPa 高压灭菌 15 min。

（3）基本液体培养基：Vogel 50 × 2 mL，葡萄糖 2 g，蒸馏水 98 mL，pH 7.0，55 kPa 高压灭菌 30 min。

（4）基本固体培养基：琼脂 2 g，基本液体培养基 100 mL，pH 7.0，55 kPa 高压灭菌 30 min。

（5）无 N 基本液体培养基：K_2HPO_4 0.7 g（或 $K_2HPO_4 \cdot 3H_2O$ 0.92 g），KH_2PO_4 0.3 g，柠檬酸钠 · $3H_2O$ 0.5 g，$MgSO_4 \cdot 7H_2O$ 0.01 g，葡萄糖 2 g，蒸馏水 100 mL，pH 7.0，55 kPa 高压灭菌 30 min。

（6）2N 基本液体培养基 *：$K_2HPO_4$0.7 g（或 $K_2HPO_4 \cdot 3H_2O$ 0.92 g），KH_2PO_4 0.3 g，柠檬酸钠 · $3H_2O$ 0.5 g，$MgSO_4 \cdot 7H_2O$ 0.01 g，$(NH_4)_2SO_4$ 0.2 g，葡萄糖 2 g，蒸馏水 100 mL，pH 7.0，55 kPa 高压灭菌 30 min。

（7）混合氨基酸和混合维生素及核苷酸的配制：氨基酸（包括核苷酸）分 7 组（Ⅰ—Ⅶ），其中 6 组（Ⅰ—Ⅵ）每组有 6 种氨基酸（包括核苷酸），每种氨基酸（包括核苷酸）等量研细充分混合。第 7 组是脯氨酸，因为这种氨基酸容易潮解，所以单独成一组。

Ⅰ. 赖　精　甲硫　半胱　胱　嘌呤
Ⅱ. 组　精　苏　羟脯　甘　嘧啶
Ⅲ. 丙　甲硫　苏　羟脯　甘　丝
Ⅳ. 亮　半胱　谷　羟脯　异亮　缬
Ⅴ. 苯丙　胱　天冬　甘　异亮　酪
Ⅵ. 色　嘌呤　嘧啶　丝　缬　酪
Ⅶ. 脯

* 高渗青霉素法在 2N 基本培养液中加 200 g/L 蔗糖和 2 g/L $MgSO_4 \cdot 7H_2O$。

把维生素 B_1、B_2、B_6，泛酸，对氨基苯甲酸（BAPA），烟碱酸及生物素等量研细，充分混合，配成混合维生素。

3. 试剂

生理盐水：NaCl 0.85 g，蒸馏水 100 mL，103 kPa 高压灭菌 15 min。

五、实验说明

微生物中筛选营养缺陷型的步骤包括诱变处理、淘汰野生型、检出缺陷型、鉴定缺陷型四步。由于不同微生物和诱变剂的特性差异，所以在实际工作中，应根据具体情况而适当变动，现分别补充说明。

当选用化学诱变剂进行诱变处理时，首先应根据诱变剂的特性确定用何种诱变剂。化学诱变剂根据它们的诱变作用可以区分为三种：①通过掺入 DNA 分子而引起突变，必须通过代谢作用。属于这一类的诱变物质如碱基类似物。②通过和 DNA 直接起化学反应而引起突变。多数化学诱变剂属于这一类，如亚硝酸等。③通过一对核苷酸的插入或缺失而引起突变，如吖啶类物质。

化学诱变剂的剂量也以相对剂量表示。相对剂量与三个因素有关：诱变剂浓度、处理温度和处理时间。一般通过处理时间来控制剂量。处理前诱变剂和菌液分别预热，以便当二者混合后即可计算处理时间，才能精确控制剂量。处理时间应按不同的处理菌而有所区别，最适剂量应事先进行预备试验确定。

浓缩缺陷型的方法有青霉素法、菌丝过滤法、差别杀菌法、饥饿法等，这些方法适用于不同的微生物。细菌应用青霉素浓缩法，酵母菌和真菌的缺陷型筛选可以用制霉菌素代替青霉素。放线菌和真菌可用菌丝过滤法，它们的野生型孢子能在基本培养液中萌发并长成菌丝，缺陷型的孢子不能长成菌丝。所以把经诱变处理的孢子悬浮在基本培养液中振荡培养，在培养过程中过滤几次，每次培养时间不宜过长，这样才能充分浓缩。

营养缺陷型的检出方法有逐个测定法、夹层培养法、限量补给法、影印培养法等。现简述如下：①夹层培养法，先在培养皿底倒一层不含细菌的基本培养基，待凝后加上一层含菌的基本培养基，冷凝后再加上一层不含菌的基本培养基。经培养出现菌落以后，在培养皿底上把菌落做上标记，然后加上一层完全培养基，再经培养以后出现的菌落多数是营养缺陷型。②影印培养法，将经处理的细菌涂在完全培养基的表面，待出现菌落以后，用灭菌丝绒将菌落影印接种到基本培养基表面。待菌落出现以后比较两个培养皿，凡在完全培养基上出现菌落而在基本培养基上的同一位置上不出现菌落者，这一菌落便可以初步断定是一个缺陷型。

六、实验步骤

1. 菌液制备

（1）实验前 14 ~ 16 h，挑取少量 K12 SF^+ 菌，接种于盛有 5 mL 肉汤培养液的三角瓶中，置 37℃培养过夜。

（2）第二天添加 5 mL 新鲜的肉汤培养液，充分混匀后，分装 2 只三角瓶，继续培养 5 h。

（3）将两只三角瓶的菌液分别倒入离心管中，3 500 r/min 离心 10 min。

（4）倒去上清液，打匀沉淀。其中一管吸入 5 mL 生理盐水，然后倒入另一离心管，二管并成一管。

2. 诱变处理

（1）吸上述菌液 3 mL 于培养皿内，将培养皿放在 15 W 的紫外灯下，距离 28.5 cm。

（2）处理前先开紫外灯稳定 30 min，将待处理的培养皿连盖放在灯下灭菌 1 min，然后开盖处理 1 min。照射毕先盖上皿盖，再关紫外灯。

（3）吸 3 mL 加倍肉汤培养液到上述处理后的培养皿中。置 37℃温箱内，避光培养 12 h 以上。

3. 青霉素法淘汰野生型

（1）吸 5 mL 处理过的菌液予已灭菌的离心管，3 500 r/min 离心 10 min。

（2）倒去上清液，打匀沉淀，加入生理盐水，离心洗涤三次，加生理盐水到原体积。

（3）吸取经离心洗涤的菌液 0.1 mL 于 5 mL 无 N 基本培养液，37℃培养 12 h。

（4）培养 12 h 后，按 1∶1 加入 2N 基本培养液 5 mL，称取青霉素钠盐，使青霉素在菌液中的最终浓度约为 1 000 U/mL，再放入 37℃温箱中培养。

（5）先从培养 12、16、24 h 的菌液中各取 0.1 mL 菌液倒在两个灭菌培养皿中，再分别倒入经融化并冷却到 40 ~ 50℃的基本及完全培养基，摇匀放平，待凝固后，放入 37℃温箱中培养（培养皿上注明取样时间）。

4. 缺陷型的检出

（1）以上平板培养 36 ~ 48 h 后，进行菌落计数。选用完全培养基上长出的菌落数大大超过基本培养基的那一组，用接种针挑取完全培养基上长出的菌落 80 个，分别点种于基本培养基与完全培养基平板上，先基本后完全，依次点种，放 37℃温箱培养。

（2）培养 12 h 后，选在基本培养基上不生长而在完全培养基上生长的菌落，再在基本培养基的平板上划线，37℃温箱培养，24 h 后不生长的可能是营养缺陷型。

5. 生长谱鉴定

（1）将可能是缺陷型的菌落接种于盛有 5 mL 肉汤培养液的离心管中，37℃培养 14 ~ 16 h。

（2）培养 16 h 后，3 500 r/min 离心 10 min，倒去上清液，打匀沉淀，然后离心洗涤三次，最后加生理盐水到原体积。

（3）吸取经离心洗涤的菌液 1 mL 于一灭菌的培养皿中，然后倒入融化后冷却至 40 ~ 50℃的基本培养基，摇匀放平，待凝，共做两皿。

（4）将 2 只培养皿的皿底等分 8 格，依次放入混合氨基酸（包括核苷酸），混合维生素和脯氨酸（加量要很少，否则会抑制菌的生长），然后放 37℃温箱培养 24 ~ 48 h，观察生长圈，并确定是哪种营养缺陷型（图 12–1）。

七、实验结果记录

1. 诱变处理的记录

取样时间 培养基	菌落数		
	12 h	16 h	24 h
[+] [-]			

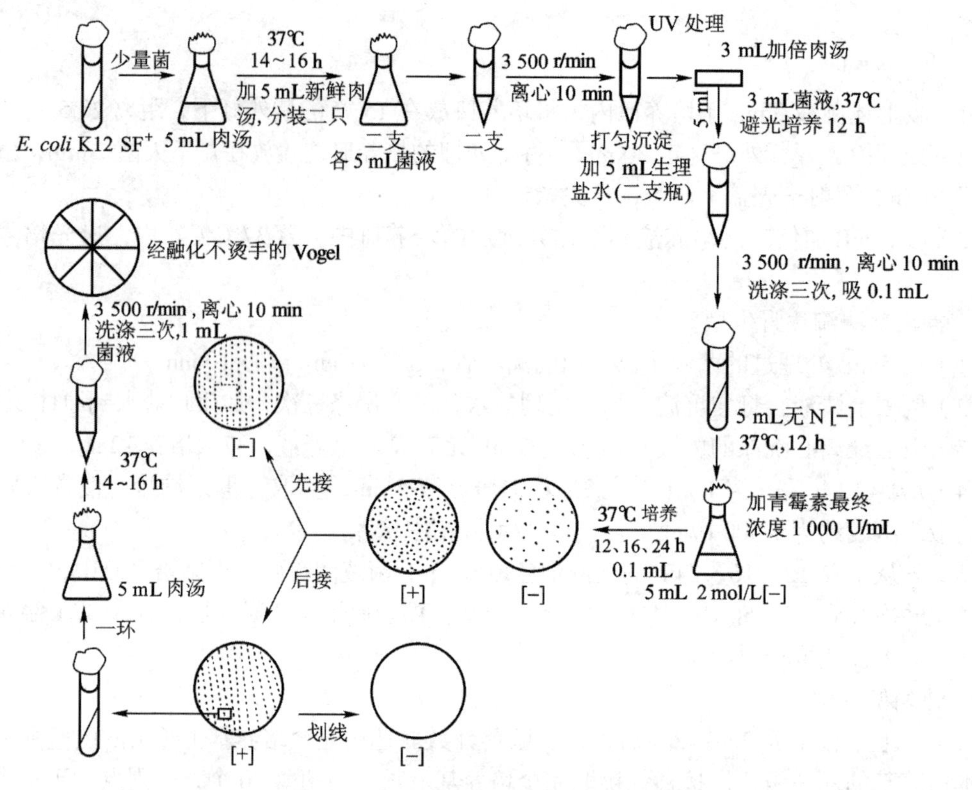

图12-1　营养缺陷型的筛选实验图解

2. 生长谱鉴定的记录（图12-2）

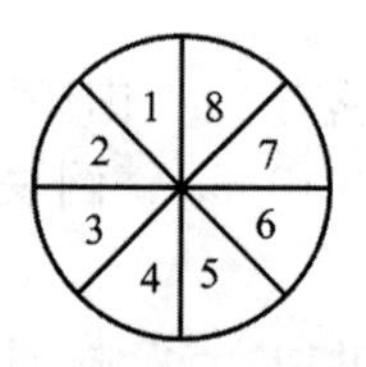

图12-2　生长谱鉴定用培养皿底部图示

你所鉴定的缺陷型是哪种缺陷型，生长圈在哪个区？

八、思考题

1. 用青霉素淘汰野生型大肠杆菌的具体原理是什么？

2. 除了本实验所采用的生长谱记录方法，还有什么方法可以有效检出大肠杆菌具体的缺陷性？

参考文献

1. 盛祖嘉．微生物遗传学．北京：科学出版社，1981.

2. Miller J H. Experiment in Molecular Genetics. Cold Spring Harbor：Cold Spring Harbor Laboratory，1972.

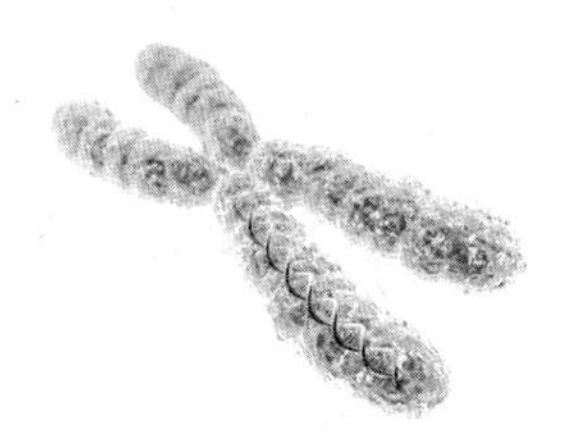

实验 13

细菌的局限性转导

一、实验原理

随着分子遗传学的发展，转导已成为遗传学分析的常用方法。所谓转导，就是利用噬菌体为媒介将一个细胞（供体）的遗传物质传递给另一个细胞（受体）的过程。转导可分为两类：①普遍性转导；②局限性转导（专一性转导）。本实验以局限性转导为例，用λ噬菌体专一性转导半乳糖发酵基因的现象来说明转导的基本原理，并初步掌握转导实验的基本技术。实验中所采用的供体菌株是 *E. coli* K_{12}（λ）gal^+。当此细菌受紫外线诱导后，原噬菌体被释放出来，其中有一定比例的噬菌体带有邻近的半乳糖发酵基因，我们称这种噬菌体为转导噬菌体（即 $\lambda dggal^+$）。当转导噬菌体（$\lambda dggal^+$）感染受体菌 *E.coli* K_{12} gal^- 时，少部分（约三分之一）形成稳定的转导子，大部分（约三分之二）以杂基因子的形式形成不稳定的转导子。整个转导过程见图 13–1。

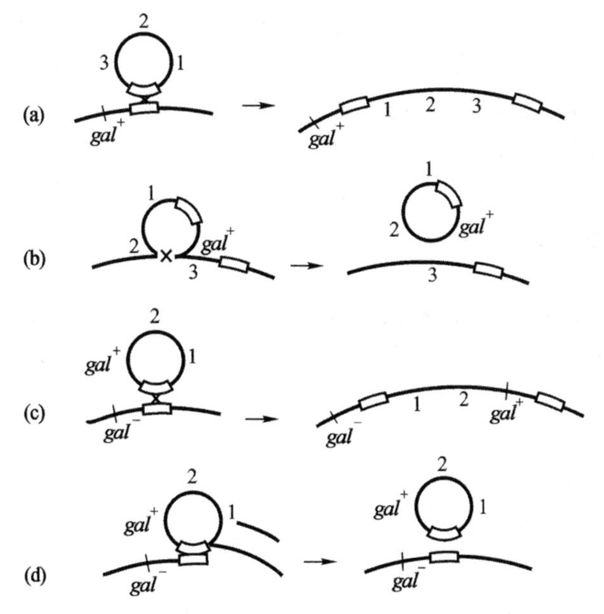

图 13–1　λ gal^+ 供体到 gal^- 受体的局限性转导

（a）λ噬菌体附着到细菌染色体的 gal^+ 基因座附近，噬菌体染色体通过交换整合到细菌染色体中，成为原噬菌体。带有原噬菌体的细菌称为溶原菌 K_{12}（λ）。（b）通过不规则的交换，产生转导噬菌体，带有细菌染色体上的基因 gal^+，该转导噬菌体是 $\lambda dggal^+$。（c）转导噬菌体感染细菌，产生转导子 $\lambda dggal^+gal^-$。（d）由于正常的交换，由 $\lambda dggal^+gal^-$ 产生 gal^- 细胞（从 Suzuki 等，1976）

二、实验目的

1. 掌握细菌局限性转导的基本原理。

2. 学习对转导子进行筛选和鉴定的方法。

三、实验材料

E. coli K_{12}（λ）gal^+（大肠杆菌 K_{12} 带有整合在半乳糖基因旁的 λ 原噬菌体溶原菌）；*E. coli* $K_{12}S$ gal^-（大肠杆菌 K_{12} 染色体上半乳糖基因缺陷）。

四、实验器具和试剂

1. 用具

培养皿（9 cm），三角瓶（150 mL），试管（15×1.5），离心管，吸管（1 mL、5 mL、10 mL），玻璃涂棒。

2. 培养基

（1）肉汤液体培养基：牛肉膏 5 g，蛋白胨 10 g，NaCl 5 g，蒸馏水 1 000 mL，pH 7.0～7.2，103 kPa 高压灭菌 15 min。

（2）加倍肉汤液体培养基（2×）：牛肉膏 0.5 g，蛋白胨 1 g，NaCl 0.5 g，蒸馏水 50 mL，pH 7.0～7.2，103 kPa 高压灭菌 15 min。

（3）肉汤半固体培养基：肉汤液体培养基中加 10 g/L 的琼脂。

（4）肉汤固体培养基：肉汤液体培养基中加 20 g/L 的琼脂。

（5）半乳糖 EMB 培养基：伊红 Y 0.4 g，亚甲蓝 0.06 g，半乳糖 10 g，蛋白胨 10 g，K_2HPO_4 2 g，琼脂 20 g，蒸馏水 1 000 mL，pH 7.0～7.2，55 kPa 高压灭菌 25 min。

（6）Vogel 50× 基本培养基（浓缩 50 倍的基本培养基）：$MgSO_4 \cdot 7H_2O$ 10 g，柠檬酸 100 g，$NaNH_4HPO_4 \cdot 4H_2O$ 175 g，K_2HPO_4 500 g，蒸馏水定容至 1 000 mL（配好后放冰箱备用）。

（7）半乳糖基本固体培养基：Vogel 50× 基本培养基 2 mL，半乳糖 2 g，优质琼脂粉 1.8 g，蒸馏水 98 mL，pH 7.0，55 kPa 高压灭菌 25 min。

（8）磷酸缓冲液：KH_2PO_4 2 g，K_2HPO_4 7 g，$MgSO_4 \cdot 7H_2O$ 0.25 g，蒸馏水 1 000 mL，103 kPa 高压灭菌 15 min。

（9）生理盐水：NaCl 8.5 g，蒸馏水 1 000 mL，103 kPa 高压灭菌 15 min。

（10）试剂：氯仿。

五、实验说明

1. 局限性转导可分为低频转导（LFT）和高频转导（HFT）。从低频转导的转导子中可分离得到用于高频转导的双重溶源化细菌，以双重溶原菌诱导制得 λ 噬菌体裂解液进行转导试验就称其为高频转导。

在低频转导中，用于转导的 λ 噬菌体大部分属正常的噬菌体（λ^+），只有少数属部分缺失的转导噬菌体（$\lambda dggal^+$）。当大量噬菌体感染受体菌时，大部分受体菌被正常的噬菌体感染裂解死亡。尽管少部分被转导噬菌体感染，由于大量正常噬菌体的存在，往往同时也被正常噬菌体感染裂解死亡，一般认为：只有部分同时感染的细胞，首先 λ^+ 通过正常的附着位点整合到受体菌染色体上，然后，$\lambda dggal^{+}$ 的杂合附着位点和染色体上的杂合附着位点（由于 λ^{+} 整合造成）再次整合形成不稳定的双重溶源化细菌。整个过程见图 13–2。

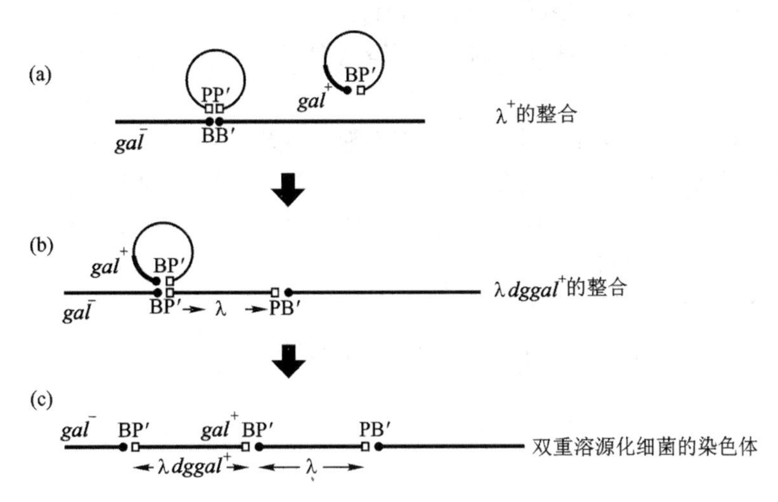

图 13–2　λ^{+} 和 $\lambda dggal^{+}$ 相继整合而成为双重溶源化细菌的过程

低频转导的转导频率较低，一般在 10^{6} 的感染细胞中有一个转导子出现。如改用双重溶源菌株进行诱导制备 λ 裂解液进行转导，情形就不同。由于 λ^{+} 的存在使得 $\lambda dggal^{+}$ 同时成熟，裂解液中就会出现 50% 正常噬菌体和 50% 部分缺失的 $\lambda dggal^{+}$ 转导噬菌体，因此可以得到约 50% 的转导子，从而大大提高了转导频率。

2. λ 溶源菌株的获得可通过较为简单的办法得到：用较高浓度的 λ 裂解液和用于转导的供体菌混合涂布于完全固体平板，同时做 λ 噬菌体和供体菌的对照。37℃培养过夜后，第二天就能看到混合涂布的平板出现单菌落，而对照涂布 λ 噬菌体平板无菌落，涂布供体菌平板呈现一片菌落。单菌落的出现是由于大量 λ 噬菌体把被感染的菌大都裂解掉，而只有少部分对 λ 噬菌体抗性菌落和 λ 溶原菌才能生长。只要区分这两种菌落，就能获得所需要的 λ 溶源菌株。一个简单的办法是把各个单菌落接种于一定体积的完全培养液中，37℃培养一定时间，然后离心除去上清液，用完全培养液制成菌悬液（菌液可浓一些，也可加入一定量的 0.1 mol/L $CaCl_2$），各挑取一环菌液滴加于涂有菌液（对 λ 噬菌体敏感的指示菌）的完全固体平板上，然后以一定距离的紫外线照射，37℃培养过夜，第二天观察是否有噬菌斑出现，如果噬菌斑出现，表明相应的单菌落是 λ 溶原菌，反之是 λ 噬菌体抗性菌。

同样，对低频转导的转导子进行上述的实验就能分离到高频转导的双重溶原菌，因为双重溶源的转导子经紫外线照射也将会释放 λ 噬菌体感染敏感细菌而产生噬菌斑，相反，其他转导子经紫外线照射不释放 λ 噬菌体不形成噬菌斑，这样我们将容易区分这种状态的转导子，而获得我们所需要的双重溶源性菌株。

六、实验步骤

1. 噬菌体裂解液的制备

（1）实验前一夜挑取一环供体菌［K_{12}（λ）gal^{+}］接种于含有 5 mL 肉汤培养液的试管中，37℃培养过夜，然后吸取 0.5 mL 菌液于含有 4.5 mL 肉汤培养液的三角瓶中，继续培养

3 ~ 4 h。

（2）将三角瓶的菌液倒入离心管，3 500 r/min 离心 10 min。

（3）除去上清液，加 4 mL 磷酸缓冲液，制备菌悬液。

（4）取菌悬液 3 mL 于灭菌培养皿中，经紫外线（15 W、距离 40 cm）处理，诱导 10 min。

（5）处理后加入 3 mL 2× 肉汤培养液，37℃避光培养 3 ~ 5 h。

（6）吸取培养液于灭菌离心管中，加入 0.2 mL 氯仿（4 ~ 5 滴），剧烈振荡 30 s，静止 5 min，3 500 r/min 离心 10 min，小心把上清液用无菌吸管移入另一支灭菌试管（即 λ 噬菌体裂解液），供效价测定和转导用。

2. λ 噬菌体的效价测定（λ 噬菌体数 /mL）

（1）实验前一夜挑取一环受体菌（$K_{12}S$ *gal*⁻）接种于含有 5 mL 肉汤培养液的试管中，37℃培养过夜。

（2）吸取 0.5 mL 培养液于含有 0.25 mL 0.1 mol/L $CaCl_2$ 的 4.5 mL 肉汤培养液的三角瓶中，继续培养 3 ~ 4 h。

（3）取已经熔化并于 45℃保温的半固体琼脂试管（每管 3 mL）4 支，每支试管加入上述经活化后的菌液 0.5 mL。

（4）吸取 λ 噬菌体裂解液 0.5 mL 于含有 4.5 mL 肉汤培养液的试管中，依次稀释到 10^{-6} 与 10^{-7}。

（5）从 10^{-6} 和 10^{-7} 试管中分别吸取 0.5 mL 于上述已加有菌的半固体试管中（每个稀释度 2 支），搓匀，分别倒入预先倒好并已凝固的肉汤固体培养基上，摇匀，待凝，37℃培养过夜。

（6）观察出现的噬菌斑数，并估计 λ 噬菌体裂解液的效价（λ 噬菌体数 /mL）。

3. 转导

（1）点滴法

① 取两个预先倒好的 EMB 培养基皿，在皿底用记号笔按图 13-3 的样子画好。

② 取受体菌（经活化后的菌液）一环，按图 13-3 涂两条菌带，37℃培养 1.5 h。

③ 从温箱中取出培养皿，在 2 个圆圈和 4 个方格处，各滴加一环 λ 噬菌体裂解液（先滴加圆圈处，再滴加方格处），圆圈处为 λ 噬菌体对照，方格处为转导试验，菌带为受体菌对照，37℃培养两天，观察结果。

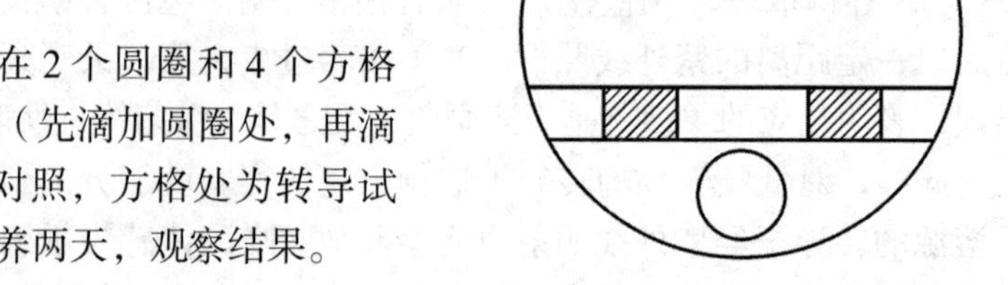

图 13-3　EMB 培养基的培养皿图样

（2）涂布法

① 取 4 个预先倒好的 EMB 培养基皿，其中一皿加 0.1 mL λ 噬菌体裂解液，用于对照；一皿加 0.1 mL 经活化后的受体菌，也用于对照；另两皿加 λ 噬菌体裂解液和受体菌各 0.05 mL。

② 用 3 支灭菌玻璃涂棒涂布上述各组培养皿，37℃培养两天，观察结果。

（3）平板注入法

① 将 λ 噬菌体裂解液用肉汤稀释为 10^{-1}、10^{-2}、10^{-3}、10^{-4}，从各稀释度吸取 2 mL 裂解

液于含有 2 mL 经活化后的受体菌的离心管中，同时以只加 λ 噬菌体裂解液（2 mL 10^{-1} 裂解液加 2 mL 肉汤培养液）和只加受体菌（2 mL 经活化后的受体菌加 2 mL 肉汤培养液）为对照。共 6 支灭菌离心管，37℃保温 15 min。

② 取出上述 6 支离心管，3 500 r/min 离心 10 min，弃上清液，打匀菌块，用生理盐水洗涤一次，3 500 r/min 离心 10 min，弃上清液，打匀菌块，各加 2 mL 生理盐水制成菌悬液。

③ 从上述菌悬液中各吸取 0.1 mL 于预先倒好的半乳糖基本固体培养基中（转导各 2 皿，对照各 1 皿，共 10 皿），用 6 支灭菌玻璃涂棒涂布上述各组培养皿，37℃培养两天。观察结果，计算出现的转导子数。

七、实验结果

1. λ 噬菌体效价（λ 噬菌体数 /mL）

噬菌体	λ 裂解液稀释度	取样 /mL	噬菌斑数 / 皿	噬菌斑数 /mL
λ 噬菌体裂解液	10^{-6}	0.5		
	10^{-7}	0.5		

2. 转导试验

<table>
<tr><th rowspan="3">转导试验</th><th colspan="3">点滴法</th><th colspan="3">涂布法</th><th colspan="7">平板注入法</th></tr>
<tr><th rowspan="2">受体菌</th><th rowspan="2">λ 噬菌体裂解液</th><th rowspan="2">λ 噬菌体裂解液 + 受体菌</th><th rowspan="2">受体菌</th><th rowspan="2">λ 噬菌体裂解液</th><th rowspan="2">λ 噬菌体裂解液 + 受体菌</th><th rowspan="2">受体菌</th><th rowspan="2">λ 噬菌体裂解液</th><th colspan="4">转导子数 / 皿</th><th rowspan="2">转导子数 /mL</th></tr>
<tr><th>10^{-1}</th><th>10^{-2}</th><th>10^{-3}</th><th>10^{-4}</th></tr>
<tr><td>菌落生长情况</td><td></td><td></td><td></td><td></td><td></td><td></td><td></td><td></td><td></td><td></td><td></td><td></td><td></td></tr>
<tr><td>菌落色泽发酵情况</td><td></td><td></td><td></td><td></td><td></td><td></td><td></td><td></td><td></td><td></td><td></td><td></td><td></td></tr>
<tr><td>转导频率</td><td></td><td></td><td></td><td></td><td></td><td></td><td></td><td></td><td></td><td></td><td></td><td></td><td></td></tr>
</table>

$$转导频率 = \frac{转导子数 /mL}{噬菌体总数 /mL} \times 100\%$$

八、思考题

1. 本实验属于局限性转导中的低频转导还是高频转导，为什么？
2. 紫外线诱导处理后为什么要避光培养？

参考文献

1. 盛祖嘉 . 微生物遗传学 . 北京：科学出版社，1981.
2. 史密斯・凯利，褚启 . 遗传的结构与功能 . 上海：上海科学技术出版社，1980.
3. 微生物研究法讨论会 . 微生物学实验法 . 北京：中国轻工业出版社，1981.
4. Miller J H. Experiments in Molecular Genetics. Cold Spring Harbor：Cold Spring Harbor Laboratory，1972.

实验 14

植物单倍体的诱发

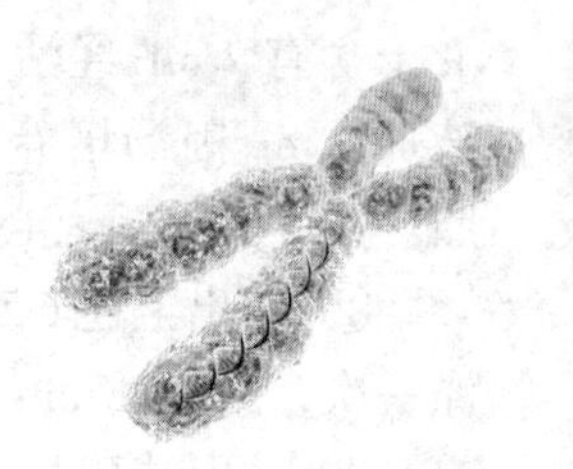

一、实验原理

植物的无性繁殖和组织培养都说明，植物营养细胞是一个基本功能单位，具有发育成完整植株的潜在全能性。随着组织培养技术的发展，已可把花药放在离体条件下培养，使花粉粒分裂增殖，不经受精而单性发育成单倍体植株。单倍体植株比正常二倍体植株矮小，染色体数为其亲本细胞（$2n$）的一半（n）。单倍体经人工加倍或自然加倍，即为纯合的二倍体。育种工作者可以利用这一特性，促使选育材料的性状加速稳定，缩短育种周期，现已成为常规育种的一个辅助手段，也可应用于异花授粉作物自交系的培育。

二、实验目的

1. 了解和掌握单倍体的培养方法及要点。
2. 了解单倍体在育种实践中的意义。

三、实验材料

孕穗后期的水稻（*Oryza sativa*）穗子。

四、实验器具和试剂

1. 用具

试管（30 mm），试管架，量筒，棉塞，吸量管，接种针，酒精灯，培养皿，无菌纸，剪刀，镊子，超净工作台或接种室。

2. 试剂

H 培养基，Miller 培养基，改良 White 培养基，N_6 培养基，改良 Nitsch 培养基，Ms 培养基，2,4-D，萘乙酸（NAA），吲哚乙酸（IAA），6- 苄基氨基嘌呤（6-BA），70% 乙醇，甲醛，高锰酸钾，漂白粉，铬酸，硝酸，盐酸，氢氧化钠。

培养基的配方、配制及选择见数字课程。

五、实验说明

花粉形成单倍体植株有两种方式：

1. 花粉形成愈伤组织，再由愈伤组织分化成单倍体植株，如水稻、麦类等作物。

2. 花粉不经愈伤组织，直接形成胚状体，如烟草、曼陀罗等。

花粉粒形成愈伤组织或胚状体，二者间不存在绝对的界限，主要取决于培养基中生长素的浓度。

杂交育种是选育新品种最常用的方法，由于杂种后代的分离，要得到一个稳定的品系，通常要经过 5 年以上的选择，应用花药培养，第二年能得到纯合的二倍体。

六、实验步骤

1. 花粉发育时期的镜检和消毒

严格掌握花粉发育时期，是愈伤组织形成的重要因素。水稻采用单核中、晚期花粉培养比较好，从外形来看，剑叶已伸出叶鞘，和下面一叶的叶枕距为 3 ~ 10 cm（因品种和气候而异），然后镊取花药，加上一滴 15% 铬酸、15% 盐酸和 10% 硝酸的混合液（体积比为 2∶1∶1）压片镜检，可以看到细胞核被染成橙黄色，单核中、晚期的花粉已形成液泡，细胞核被挤到花粉粒边缘。根据镜检花粉粒所在颖壳的颜色和花药在颖壳里的位置为标准，剪去较嫩和较老的小穗，把准备接种的小穗放在 10% 的漂白粉的上清液里，消毒 10 min，再用无菌水冲洗 2 ~ 3 次。

2. 接种和培养

将消毒的水稻小穗，对着光剪去花药上端的颖壳，用镊子将花药剥在无菌纸上，再倒入装有培养基的试管内，放在 28℃下进行暗培养，促使花粉粒分裂增殖，形成愈伤组织。

3. 单倍体植株的诱导和染色体加倍

花药培养 20 天左右，在花药裂口处长出淡黄色的愈伤组织。等愈伤组织长到 2 ~ 4 mm 时，再转到含有萘乙酸（或吲哚乙酸）和 6– 苄基氨基嘌呤的分化培养基上，并用日光灯照明，二周后愈伤组织分化出小植株。当植株长到 7 ~ 10 cm 时即可移栽。移栽时先将根部的培养基洗去，刚入土的幼苗需用烧杯罩住，防止因水分蒸发而死苗。

水稻花药培养形成的植株大多是单倍体，必须经过染色体加倍后才能结果，一般采用 5 g/L 秋水仙碱溶液浸泡根和分蘖节。有时经秋水仙碱处理后仍是单倍体，虽能形成稻穗和花器官，但不能结实，此时可以把地上部分剪去，让它形成再生稻，以延长生育期来提高加倍频率。在花药培养过程中，也有部分愈伤组织来自药壁或花丝断裂处，它们是由二倍体的亲体细胞分裂而来，因此幼苗分化后，根尖染色体的检查是必不可少的。

七、实验结果

1. 统计花药诱导愈伤组织的频率和愈伤组织分化成单倍体植株的频率，其中绿苗和白化苗各占多少。

2. 拍摄愈伤组织及单倍体植株的照片。

八、思考题

1. 简述单倍体在育种实践中的意义。

2. 用秋水仙碱处理的目的是什么？

参考文献

1. 中国科学院植物研究所 . 植物单倍体育种资料集（第一集）. 北京：科学出版社，1972.
2. 中国科学院植物研究所，黑龙江农业科学院 . 植物单倍体育种 . 北京：科学出版社，1977.

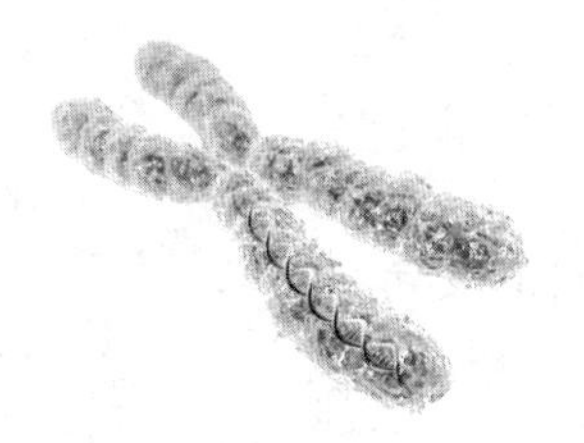

实验 15

人工诱发多倍体植物

一、实验原理

自然界各种生物的染色体数目是相当恒定的，这是物种的重要特征。例如玉米体细胞染色体有 20 条，配成 10 对。遗传学上把一个配子的染色体数，称为染色体组（或称基因组），用 n 表示。如玉米染色体组内包含 10 条染色体，它的基数 $n = 10$。一个染色体组内每个染色体的形态和功能各不相同，但又互相协调，共同控制生物的生长和发育、遗传和变异。

由于各种生物的来源不同，细胞核内可能具有一个或一个以上的染色体组，凡是细胞核中含有一套完整染色体组的就叫作单倍体，也用 n 表示。具有两套染色体组的生物体称为二倍体，以 $2n$ 表示。细胞内多于两套染色体组的生物体称为多倍体。例如三倍体（$3n$）、四倍体（$4n$）、六倍体（$6n$）等，这类染色体数的变化是以染色体组为单位的增减，所以称作整倍体。

在整倍体中，又可按染色体组的来源，区分为同源多倍体和异源多倍体。凡增加的染色体组来自同一物种或者是原来的染色体组加倍的结果，称为同源多倍体。如果增加的染色体组来自不同的物种，则称为异源多倍体。

多倍体普遍存在于植物界，目前已知被子植物中有 1/3 或更多的物种是多倍体，如小麦属（*Triticum*）染色体基数是 7，属二倍体的有一粒小麦，四倍体的有二粒小麦，六倍体的有普通小麦。除了自然界存在的多倍体物种之外，又可采用高温、低温、X 射线照射、嫁接和切断等物理方法人工诱发多倍体植物。在诱发多倍体方法中，以应用化学药剂更为有效。如秋水仙碱、萘嵌戊烷、异生长素、富民农等，都可诱发多倍体，其中以秋水仙碱效果最好，使用最为广泛。

秋水仙碱是由百合科植物秋种番红花——秋水仙（*Colchicum autumnale*）的种子及器官中提炼出来的一种生物碱，化学分子式为 $C_{22}H_{25}NO_6$。具有麻醉作用，对植物种子、幼芽、花蕾、花粉、嫩枝等可产生诱变作用。它的主要作用是抑制细胞分裂时纺锤体的形成，使染色体不走向两极而被阻止在分裂中期，这样细胞不能继续分裂，从而产生染色体数目加倍的核。若染色体加倍的细胞继续分裂，就形成多倍性的组织，由多倍性组织分化产生的性细胞，所产生的配子是多倍性的，因而也可通过有性繁殖把多倍体繁殖下去。

多倍体已成功地应用于植物育种。用人工方法诱导的多倍体，可以得到一般二倍体所没有的优良经济性状，如粒大、穗长、抗病性强等。三倍体西瓜、三倍体甜菜、八倍体小黑麦已在生产上应用。

二、实验目的

1. 了解人工诱发多倍体植物的原理、方法及其在植物育种上的意义。
2. 观察多倍体植物，鉴别植物染色体数目的变化及引起植物其他器官的变异。

三、实验材料

玉米（$2n = 20$），或大麦（$2n = 18$）、水稻（$2n = 24$）的种子。
人工诱发的四倍体玉米和二倍体玉米的果穗、玉米粒、花粉、叶片。

四、实验器具和试剂

1. 用具
显微镜，载玻片，盖玻片，培养皿，镊子，刀片，滴管，吸水纸，测微尺。
2. 试剂
（1）1 g/L 和 0.25 g/L 秋水仙碱溶液，1 mol/L HCl 溶液，碘化钾溶液。
（2）改良苯酚品红染色液：先配制苯酚品红母液 A 和 B。
母液 A：称取 3 g 碱性品红，溶解于 100 mL 的 70% 乙醇中（此液可长期保存）。
母液 B：取母液 A 10 mL，加入 90 mL 的 5% 苯酚水溶液（两周内使用）。
再配制苯酚品红染色液：取母液 B 45 mL，加入 6 mL 无水乙酸和 6 mL 37% 的甲醛。此染色液含有较多的甲醛，在植物原生质体培养过程中，观察核分裂比较适宜。后来在此基础上，加以改良的配方称为改良苯酚品红，可以普遍应用于植物染色体的压片技术。

最后配制改良苯酚品红染色液：取配制好的苯酚品红染色液 2 ~ 10 mL，加入 90 ~ 98 mL 45% 的乙酸和 1.8 g 山梨醇（sorbitol）。此染色液初配好时颜色较浅，放置两周后，染色能力显著增强，在室温下不产生沉淀而较稳定。

五、实验说明

本实验采用种子浸渍法。处理种子时，可先在一定浓度秋水仙碱中浸种 24 h 左右，在铺有滤纸的器皿上浸渍种子，再注入 1 ~ 0.25 g/L 的秋水仙碱溶液，为避免蒸发宜加盖并置于暗处，放入 20℃培养箱中，保持适宜的发芽温度，干燥种子处理的天数应比浸种多 1 天左右。一般发芽种子处理数小时至 3 天，或多至 10 天左右。对于种皮厚发芽慢的种子，应先催芽后再行处理。已发芽的种子宜用较低的浓度处理较短的时间。秋水仙碱能阻碍根系的发育，因而最好能在发根以前处理完毕。处理后用清水冲洗，移栽于盆钵或田间。

染色体加倍后必须进行鉴别。同源多倍体主要是根据形态特性来判断，如叶色、叶形及气孔和花粉粒的大小。最为可靠的方法，是待收获大粒种子后，再将这些大粒种子萌发，制备根尖压片，然后检查细胞内的染色体数目，只有染色体数目加倍了，才能证明植株已诱变成四倍体。

六、实验步骤

1. 把玉米 $2n = 20$（或大麦 $2n = 18$、水稻 $2n = 24$）种子浸在 1 g/L 秋水仙碱溶液 24 h。
2. 用自来水冲洗 2 ~ 3 次。

3. 将萌发种子移到盛有 0.25 g/L 秋水仙碱溶液润湿了吸水纸的培养皿里。
4. 置入 20℃培养箱，培养发芽。
5. 48 h 后取出幼苗。
6. 用自来水缓缓冲洗幼苗。
7. 把处理后的幼苗栽种在大田或盆钵内。
8. 同期播种未经处理的玉米种子作为对照。
9. 田间给以良好管理。

七、实验结果

1. 鉴定多倍体植物

制作四倍体玉米、二倍体玉米根尖细胞压片，检查染色体数目（见附录Ⅴ）。

2. 观察四倍体玉米、二倍体玉米表皮细胞气孔的大小

（1）在四倍体玉米叶的背面中部划一切口，用尖头镊子夹住切口部分，撕下一薄层下表皮，放在载玻片的水滴里，铺平，盖上盖玻片，制成表皮装片。

（2）按上述同样方法制作一张二倍体玉米的表皮装片，作为对照。

（3）镜检比较四倍体与二倍体气孔和保卫细胞的大小，用测微尺测量记载其大小。

3. 观察比较花粉粒的大小

（1）从四倍体、二倍体玉米植株上分别采集花粉。

（2）将采集到的花粉分别浸入 45%无水乙酸。

（3）用滴管分别各取一滴花粉粒悬浮液，移到载玻片上。

（4）滴上碘化钾溶液，盖上盖玻片，制成花粉粒制片。

（5）镜检四倍体及二倍体玉米花粉粒大小。

（6）用测微尺测定并记载其大小。

4. 作业

（1）描绘四倍体玉米中期染色体图像。

（2）将镜检观察结果列成一表，并分析记载结果。

八、思考题

1. 多倍体在育种工作中有何意义？
2. 多倍体植物可以引起器官的哪些变化？

参考文献

1. 刘祖洞，江绍慧．遗传学．北京：人民教育出版社，1979.
2. 常脇恒一郎，等．植物遺伝學実験法．東京：共立出版株式會社，1982.

实验 16

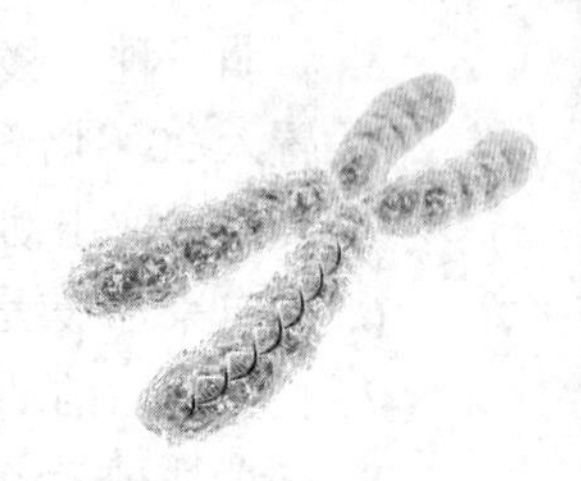

植物有性杂交技术

一、实验原理

植物有性杂交是人工创造植物新的变异类型最常用的有效方法，也是现代植物育种上卓有成效的育种方法之一。通过将雌雄性细胞结合的有性杂交方式，重新组合基因，借以产生亲本各种性状的新组合，从中选择出最需要的基因型，进而创造出对人类有利的新种。根据进行杂交亲本间亲缘关系的远近（相关资料见数字课程），有性杂交又区分为近缘杂交及远缘杂交两大类，前者是指同一植物种内的不同品种之间杂交，后者指在不同植物种或属、科间进行的杂交，也包括栽培种与野生种之间的杂交。籼稻与粳稻属不同亚种，籼、粳稻杂交，亦属远缘杂交。品种间杂交为近缘杂交，由于品种间亲缘关系较近，具有基本相同的遗传物质基础，因此品种间杂交易获成功。通过正确选择亲本，能在较短期间选育出具有双亲优良性状的新品种，但在品种间杂交时，因有利经济性状的遗传潜力具有一定限度，往往存在有品种之间在某些性状上不能相互弥补的缺点。而采用远缘杂交的方式，可以扩大栽培植物的种质库，能把许多有益基因或基因片段组合到新种中，以使产生新的有益性状，从而丰富了各类植物的基因型。通过远缘杂交又可获得雄性不育系，扩大杂种优势的利用。但远缘杂交的最大缺点，表现在远缘杂交交配往往不易成功，杂种夭亡，而且结实率很低，甚至完全不育；杂种后代出现强烈的分离，中间类型表现不稳定，因而增加了远缘杂交的复杂性和困难，限制了远缘杂交在育种实践上的应用。

二、实验目的

1. 理解小麦或水稻有性杂交的原理。
2. 了解小麦或水稻的花器官构造，开花习性，授粉、受精等有性杂交基础知识。
3. 掌握小麦或水稻有性杂交技术。

三、实验材料

普通小麦品种 3 ~ 4 个或水稻品种 3 ~ 4 个。

四、实验器具和试剂

1. 用具

镊子，眼科手术剪刀，玻璃透明纸袋，回形针，大头针，铅笔，小纸牌（白色，大小为

3 cm × 4 cm），放大镜，棉花球，水浴锅，500 mL 烧杯。

2. 试剂

95% 乙醇。

五、实验说明

1. 小麦杂交技术

小麦的花器官构造（图 16–1）：小麦为禾本科（Gramineae）小麦属（*Triticum*）的自花授粉作物，复穗状花序，穗轴由许多短节片组成，节上着生小穗。小穗基部着生两个护颖和 3 至 9 朵小花，第一、二朵花发育较好，小麦上部的花有些往往不结实。每朵小花有内、外颖各 1 个，雄蕊 3 个，雌蕊 1 个。在子房下方靠外颖的一侧，有两个鳞片。开花时吸水膨

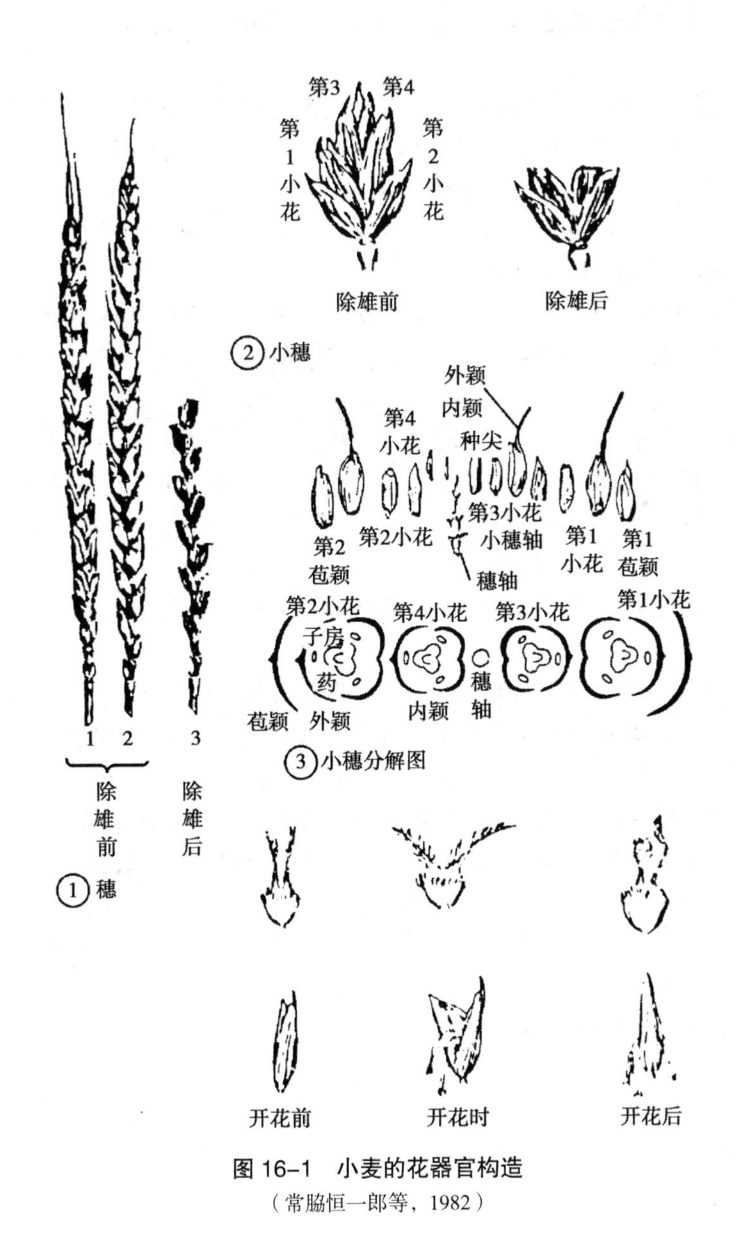

图 16–1　小麦的花器官构造

（常脇恒一郎等，1982）

胀，呈圆球水滴状，使内外颖张开。雄蕊由花丝、花药两部分组成，花药两裂。花粉粒光滑呈球形，扁圆形或卵圆形。花粉粒直径大小，因各类小麦而有差别。普通小麦花粉粒直径为 61 ~ 65 μm，一粒小麦 37 ~ 45 μm，二粒小麦 48 μm。花粉粒由两层细胞膜组成，外层为角质层体，内层为纤维质体，中间具有原生质体及两个细胞核。

2. 小麦杂交实验步骤

（1）选穗及整穗：在母本植株中，选择典型、健壮无病并刚抽出叶鞘未开花的麦穗。将基部和上部发育不良的 2 ~ 3 个小穗除去。每侧各留 5 ~ 7 个小穗，然后再把留下小穗上部发育不良的小花除去。留基部两侧 1 ~ 2 朵发育良好的小花。有芒品种则把芒剪去，以免妨碍去雄授粉工作。

（2）去雄：去雄工作从穗的一侧上部小穗开始顺序而下。一侧去雄完毕，再进行另一侧去雄工作。以免上部小穗的花药落在下部已去雄的小穗中，同时防止遗漏。常用的去雄方法有下述两种：

① 裂颖法去雄时，用左手中指和大拇指夹住麦穗，再用食指从小花颖壳的顶端处轻轻压下，使内外颖处稍有缝隙。然后用镊子小心地除去 3 枚雄蕊的花药，注意不要把花药夹破及伤害柱头。如有花药破裂，则应除去该小花，并用乙醇杀死附在镊子上的花药。去雄后立即套上隔离纸袋，悬以小纸牌，注明母本品种名称、去雄日期、去雄花数、作者等。裂颖法工作较为简便，能够获得较多杂交种子。

② 剪颖法用剪刀剪去小花上部 1/3 左右的颖壳，然后用镊子从剪口处小心取出花药，套上隔离纸袋（悬牌及书写内容同裂颖法）。这种方法操作方便，但剪去 1/3 颖壳，杂交种子的饱满度较差。

（3）授粉：去雄后 1 ~ 3 天内即可授粉，授粉时间以上午 9 时左右较为适宜，下午 4 时以前亦可进行授粉。授粉前检查母本去雄穗的小花柱头，一般未成熟柱头不分叉，衰老的柱头萎蔫无光，授粉适期柱头呈羽毛状分叉，而且有闪闪发亮的特征。小麦花粉生活力的长短与温湿度关系甚大。在 42℃高温条件下经 30 s，花粉即丧失发芽力。在 10℃以下温度及 50% 以上湿度条件下保藏花粉，虽能保持正常发芽力，但其结实率不如直接授粉法为高。以下列举几种常用的授粉方法。

① 花药授粉法授粉时先选取穗中部已有花药露出颖外的父本植株，用镊子取下花粉成熟的黄色花药，放入去雄穗的小花柱头上。轻轻涂抹授粉，在每朵小花中放入一枚花药。授粉结束后套上纸袋，并在纸牌上标明父本名称、授粉日期。

② 花粉授粉法选取正在开花的父本植株，在穗子上套一玻璃纸袋，弯下穗子并轻轻拍打采集花粉。然后用毛笔蘸取花粉，按小花顺序依次进行授粉。套袋挂牌等操作同上。

③ 捻穗授粉法这一方法适用于剪颖去雄法的穗子，用长约 15 cm、两头均不封口的玻璃纸袋套住全穗。纸袋下端斜，上端平，分别用大头针别住。授粉时把正在开花的父本穗倒插入纸袋。在母本穗子上凌空捻转数次。让父本花粉撒落在小花柱头上。然后再用大头针封住纸袋上口。悬以纸牌，并标明父本名称、授粉日期。

本实验任选两种授粉方法进行比较结实率的高低。

（4）实验结果的检验：小麦杂交后受精迅速，在授粉后 4 ~ 5 天即可检查，凡柱头枯萎、子房膨大者，说明已结实。25 ~ 30 天后收获杂交种，脱粒，保存。按下表填写实验结果，并对结果进行分析比较。

授粉方式	杂交组合♀ ×♂	去雄花数	授粉花数	结实数	结实率 /%
花药授粉法					
捻穗授粉法					

3. 水稻杂交技术

（1）水稻的花器官构造：栽培稻（*Oryza sativa* L.）属禾本科稻属植物。稻穗为圆锥花序，其上着生小穗。穗轴有 2 个节，由节着生枝梗。从枝梗再生出小枝梗，其先端着生小穗。一个小穗为一颖花，由内颖、外颖、护颖、副护颖、鳞片、雌蕊、雄蕊各部分组成（图 16–2）。

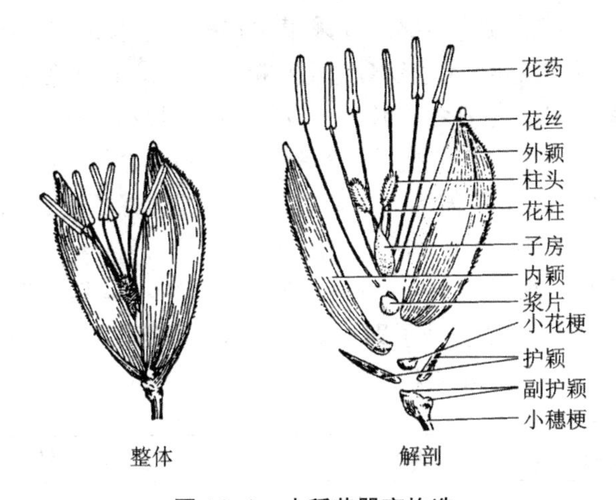

图 16–2　水稻花器官构造

内、外颖：内、外颖呈尖底船状，位于两护颖之间，外颖有芒或无芒，内颖一般无芒。

护颖与副护颖：护颖着生于内、外颖的外侧，长度一般约为内、外颖的 1/3 左右。副护颖着生在小穗轴的顶部。呈膨大的环状体。两边明显倾斜，形成极小的鳞片状。

鳞片：位于外颖内侧，为扁平无色的肉质薄片，共有 2 枚。

雄蕊：雄蕊 6 个，每 3 个一排，着生于子房基部。花丝细长。花药分为 4 室，花粉粒表面较光滑，呈球形。

雌蕊：分柱头、花柱和子房三部分，位于颖花的中央。柱头羽状分叉，子房卵形。内有一个胚珠，为内外珠所包着。胚珠上方有珠孔，珠被内由薄壁细胞组成的珠心，是胚珠的重要部分。珠心内有一个发育着的生殖细胞的胚囊。

（2）实验步骤：

① 选择单株　选择生长健壮、无病害，并对原品种或品系有代表性的植株 2 ~ 4 株。

② 选择单穗　从所选单株中选出已抽出 1/3 ~ 2/3 的单穗，将所选定去雄之穗，剥去叶鞘，以防折断茎秆。

③ 剪去上部和基部颖花用剪刀将穗顶部已开过花的颖花剪去。同时剪去穗部过嫩的颖花（花药高度不到颖花的一半）。

④ 去雄　去雄方法有下列两种。

温汤去雄法：水稻花粉与雌蕊耐温性不同，根据这一原理，选择一定温度的温水处理颖花，就可达到既可杀死花粉而不影响雌蕊生活力的目的。一般籼稻采用43℃温水浸穗5 ~ 10 min，粳稻则采用45℃温水浸穗5 min效果较好。具体方法是把热水瓶的温水调节好，选好稻穗，把稻穗轻轻压弯，穗子全部浸入温水之中。5 min后移去热水瓶，取出稻穗。剪去未开花颖花，留下开花颖花。

剪颖摘除花药法：用剪刀斜剪去颖壳1/3 ~ 1/4（防止剪得过低伤及柱头，过高则不易摘除花药，对授粉也不利）。用镊子取出6个雄蕊，但不能损伤雌蕊。

去雄后套袋，悬以纸牌标明母本名称、去雄日期、作者姓名等。

⑤ 授粉

a. 检查母本植株穗：整穗去雄是否彻底，有否漏剪的颖花。

b. 父本穗的采集：开花前安排足够时间采集父本穗，选取正在开花的单穗（穗顶部的一些颖花已能看到花药）。在穗部以上适当长度处剪断，插在盛水烧杯内备用。

c. 捻穗授粉法：参阅“小麦杂交技术”实验步骤中“授粉”一节。

d. 花药授粉法：参阅“小麦杂交技术”实验步骤中“授粉”一节。

⑥ 套袋挂牌将玻璃纸袋套在稻穗上，留将纸袋基部边缘折叠，用回形针把折叠处夹住使之固定，将杂交纸牌系在已授粉母本植株的茎秆上。

（3）实验结果的检验：每人用上述两种去雄方法各做2 ~ 4穗，授粉后3 ~ 4天检查子房是否膨大，杂交后25 ~ 30天，杂交种子即已成熟，剪下稻穗用手工脱粒，晒干保存，按下表统计收获种子数，并比较两种去雄方法的杂交效果。

去雄方法	杂交组合	去雄花数	授粉数	结实数	结实率/%
温汤去雄法					
剪颖法					

六、思考题

1. 有性杂交在育种中的重要意义何在？
2. 去雄操作中应注意什么？

参考文献

1. 蔡旭，等. 植物遗传育种学. 北京：科学出版社，1979.
2. 诸忻，等. 作物遗传学手册. 上海：上海科学技术出版社，1980.
3. 常脇恒一郎，等. 植物遺伝學実験法. 東京：共立出版株式会社，1982.
4. Mayo O. The theory of plant breeding. Oxford：Clarendon Press，1980.

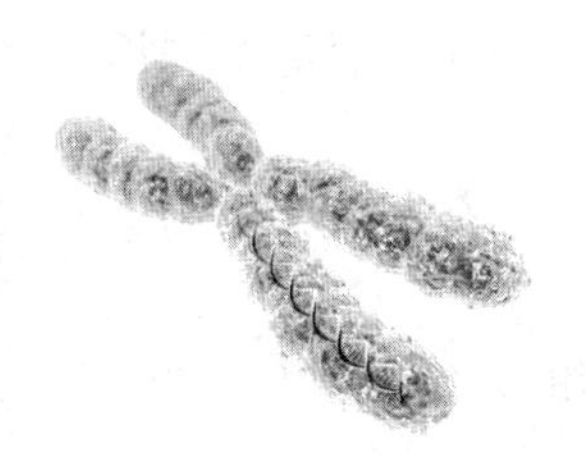

实验 17

根癌农杆菌介导的植物遗传转化

一、实验原理

植物遗传转化是一种将外源基因导入植物细胞，稳定融入植物基因组，使转化后的细胞再生获得转基因植物的遗传操作过程。传统的转化方法通常包括制备能转化的植物细胞或组织，主要通过根癌农杆菌或生物方法将外源基因传递到植物细胞中，选择已稳定结合外源基因的转化细胞，并将转化细胞再生为转基因植物。

根癌农杆菌是普遍存在于土壤中的一种革兰氏阴性细菌，它能在一定条件下趋化性地感染植物的受伤部位，并诱导产生冠瘿瘤。根癌农杆菌中含有 Ti 质粒，其上有一段可转移的 DNA（T-DNA）。根癌农杆菌侵染植物细胞后，可将其 T-DNA 转移并插入到植物细胞的基因组中，并稳定地遗传给植物后代。经过人工改造的 Ti 质粒可以作为基因工程载体，将目的基因导入受体植物中。本实验采用花浸法，用农杆菌浸润开花拟南芥植株，显著提高了转化效率。简单地说，即将拟南芥花序浸入含有 50 g/L 蔗糖和 0.01%～0.05% Silwet L-77 的农杆菌细胞悬液中，以允许农杆菌摄取到雌性配子。

二、实验目的

1. 了解和掌握根癌农杆菌介导的植物遗传转化的方法和要点。
2. 了解根癌农杆菌介导的植物遗传转化在植物研究和育种中的重要意义。

三、实验材料

处于开花期的拟南芥，生长时间 30～45 天，含目的基因的农杆菌（GV3101）及其质粒（具卡那霉素抗性）。

四、实验器具和试剂

1. 用具

恒温振荡培养箱，灭菌锅、台式高速离心机，旋涡混合器，电泳仪，电泳槽，移液器（20 μL～1 000 μL），接种环，500 mL 锥形瓶，1.5 mL Eppendorf 管，吸头，封口膜，吸水纸，镊子，牙签，15 cm 玻璃皿，PCR96 孔板，PCR 仪。

2. 试剂

（1）LB 液体培养基：称取酵母抽提物 5 g，蛋白胨（tryptone）10 g，NaCl 5 g，充分溶解于 800 mL 蒸馏水中，用 1 mol/L 的 NaOH 调节 pH 至 7.0 ~ 7.2，定容至 1 000 mL，121℃高压灭菌。

（2）含卡那霉素（kanamycin，Kan）的 LB 液体培养基：待 LB 培养液完全凉后，使用之前加入卡那霉素（终浓度 50 mg/L）。

（3）含卡那霉素的 LB 固体培养基：LB 液体培养基中加入 2% 琼脂粉，121℃高压灭菌。待培养基稍凉后加入卡那霉素（终浓度 50 mg/L）。

（4）卡那霉素溶液（50 mg/mL）：称取卡那霉素 50 mg，溶于 1 mL 无菌蒸馏水中。

（5）1/2 MS 固体培养基：称取 2.2 g MS 培养基，10 g 蔗糖，8 g 琼脂，充分溶解于 800 mL 蒸馏水中，用 1 mol/L 的 NaOH 调节 pH 至 5.8，定容至 1 000 mL，121℃高压灭菌。待培养基稍凉后加入卡那霉素（终浓度 50 mg/L）。

（6）DNA 提取液：量取 200 mL 1 mol/L 的 Tris · HCL 溶液（PH7.5），50 mL 5 mol/L 的 NaCl 溶液，50 mL 0.5 mol/L 的 EDTA 溶液，50 mL 10% 的 SDS 溶液，用蒸馏水定容至 1 000 mL。

（7）其他商品化试剂：Silwet L–77、75% 乙醇、无水乙醇、DNA 标记、异丙醇。

五、实验说明

在过去的 20 年里，农杆菌介导的拟南芥转化有各种方法。其中，花浸法是最简便的转基因拟南芥生产方法，被广泛应用。在这种方法中，雌性配子的转化是通过简单地将发育中的拟南芥花序浸入含有 0.01% ~ 0.05% Silwet L–77 和 50 g/L 蔗糖的重悬农杆菌细胞溶液中，浸泡几秒钟到 2 min 左右来完成的。处理过的植物正常培养收种，然后将种子种在选择性培养基上筛选转化基因。通常可以获得至少 1% 的转化频率，在 2 ~ 3 个月内，只需几盆渗透植物（每盆 5 ~ 9 株）就可以至少产生几百个独立的转基因系。

六、实验步骤

1. 获得抽薹和开花的拟南芥。在 MS 培养基上培养经过 75% 乙醇灭菌后的种子，培养皿在 4℃下黑暗处理 3 天，移到培养箱（白光 16 h/ 黑暗 8 h，20℃）中生长一周，之后移到土壤中，每盆约 5 ~ 9 株，最少需要 6 盆，生长 3 ~ 4 周。

2. 农杆菌侵染

（1）将包含目的基因的农杆菌接到 200 μL 不含抗生素的 LB 液体培养基中，28℃培养 2 ~ 3 h。

（2）5 000 r/min 离心 1 min，去掉部分上清液，留下约 50 μL，吹打均匀，涂到含抗生素的 LB 固体培养基上，28℃培养 2 ~ 3 天。

（3）用牙签挑选阳性单克隆，在 200 μL 含抗生素的 LB 液体培养基中 28℃培养 2 ~ 3 h，浑浊后取 100 μL 接种到 5 mL 含抗生素的 LB 液体培养基中，28℃过夜培养。第二天晚上取 2 mL 接种到 200 mL 含抗生素的 LB 液体培养基中，28℃过夜培养。

（4）将 200 mL 菌液 5 000 r/min 离心 20 min，收集菌体。

（5）配制重悬液。先配制 50 g/L 蔗糖溶液，蔗糖充分融化后，加入 Silwet L–77，其终浓度为 0.05%（体积分数），即每 100 mL 加入 50 μL Silwet L–77，定容后用于重悬菌体。

（6）利用重悬液重悬农杆菌沉淀，调节 OD_{600} 为 0.8 ~ 1.0，静置活化 2 ~ 3 h。

（7）将拟南芥已长出的果荚剪掉，之后将拟南芥花序在农杆菌重悬液中浸泡 2 min

（图 17–1），放置黑暗中过夜培养。

图 17–1 农杆菌侵染

（8）移到光下正常培养，收取种子。

3. 挑选稳定转化的植株

（1）将种子种在含有抗生素的平板上，挑选萌发的种子（图 17–2），移植到土壤里，生长 2 ~ 3 周。

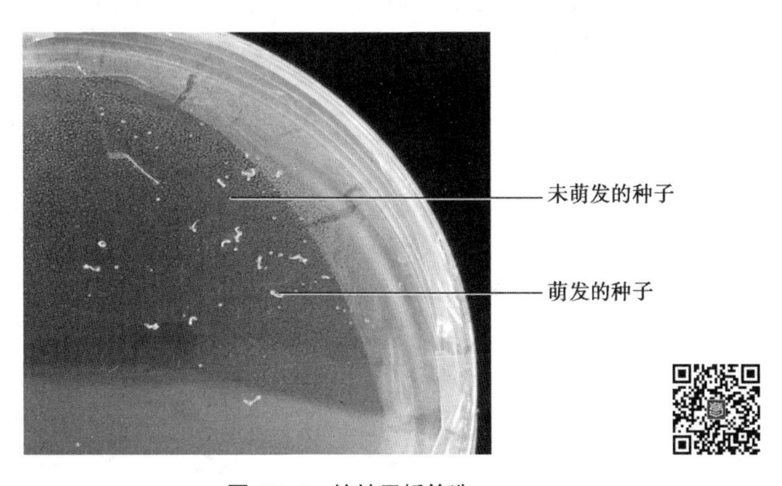

图 17–2 抗性平板筛选

（2）叶片 DNA 粗提取。

① 植株长出第三对真叶时，取下一片叶片，研磨为粉末。

② 加入 300 μL DNA 提取液，充分混匀，静置 20 min。

③ 加入 300 μL 异丙醇，轻微混匀，–20℃静置 20 min 以上。

④ 13 000 r/min 离心 10 min，弃去上清液。

⑤ 加入 700 μL 75% 乙醇洗涤沉淀，13 000 r/min 离心 5 min，弃去上清液，再重复一次。

⑥ 将残余乙醇吸干，通风良好处吹干 15 min。

⑦ 加入 20 ~ 30 μL 蒸馏水溶解沉淀，溶解后产物即为粗提取的 DNA。

（3）PCR 鉴定。在农杆菌质粒和目的基因上各取一段分别作为 3′ 端引物和 5′ 端引物，扩增提取的 DNA，包含目的基因的农杆菌质粒做阳性对照，未转化的植株所提取的 DNA 作为阴性对照（图 17-3）。

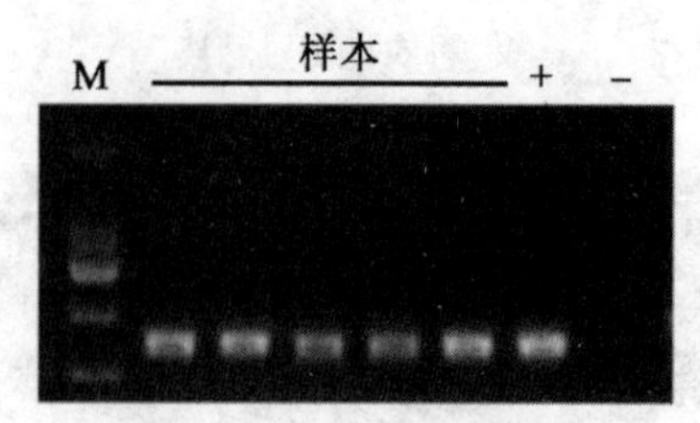

图 17-3　PCR 电泳结果

M：DNA 标记；样本：抗性平板萌发种子植株提取的 DNA 为模板扩增条带；+：阳性对照，农杆菌质粒作为模板扩增条带；-：阴性对照，未转化植株提取的 DNA 为模板扩增条带

七、思考题

1. 影响转化效率的过程有哪些？
2. 除了花浸法还有哪些农杆菌侵染方法？花浸法有哪些优势？

参考文献

Zhang X，*et al*. Agrobacterium-mediated transformation of Arabidopsis thaliana using the floral dip method. Nature protocols 1.2（2006）：641-646.

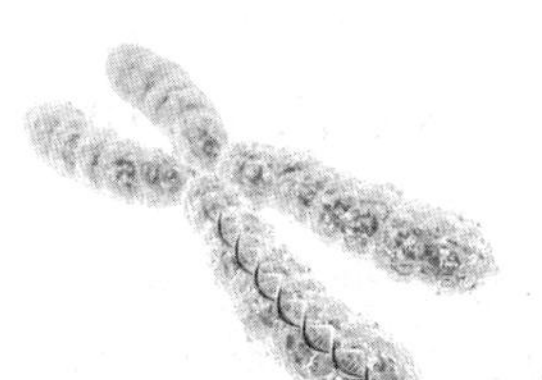

实验 18

人类性别决定基因（*SRY*）的遗传分析

一、实验原理

SRY（sex-determining region of the Y）在哺乳动物性别决定中起着关键的作用，是睾丸决定因子（testis-determining factor，TDF）的编码基因，负责启动性腺原基向睾丸的分化。1990年，Sinclair 等成功定位克隆了人的 *SRY* 基因。*SRY* 基因定位于 Y 染色体短臂，总长 845 bp。其结构特点是：无内含子，启动子位于上游 310 bp 的 GC 富集区；较长的 AT 富集区位于编码区两端，3′ 端长 1 100 bp，5′ 端长 1 000 bp；在两个 AT 富集区内存在几个顺接重复区、反向重复区、互补重复区和发夹结构。以上特点提示，*SRY* 可能是祖先基因的转座基因。在所有被分析的哺乳动物（包括有袋类动物）的 Y 染色体上都能找到原始性别决定基因 *SRY*。

SRY 涉及性别决定已有至少 1.3 亿年。本实验采用巢式聚合酶链式反应（nested-PCR）技术检测人毛发 DNA 中的性别决定基因 *SRY*，利用其进行性别鉴定。

二、实验目的

1. 掌握人毛发 DNA 的提取方法。
2. 练习用 PCR 技术进行人性别鉴定的方法。

三、实验材料

人毛发一根（带毛囊）。

四、实验器具和试剂

1. 用具

恒温水浴箱，高速离心机，旋涡振荡器，Eppendorf 管，剪刀，镊子，PCR 仪，电泳仪，电泳槽，紫外检测仪，量筒，三角烧瓶。

2. 试剂

（1）100 g/L Chelex-100：称取 1 g Chelex-100，加入 10 mL 无菌双蒸水，于 4℃保存备用。为悬浊液，使用前充分摇匀。

（2）5 mg/mL 蛋白酶 K：先配制 20 mg/mL 的蛋白酶 K 溶液。称取 200 mg 的蛋白酶 K，加入到 9.5 mL 无菌双蒸水中，轻轻摇匀，至完全溶解，定容到 10 mL，然后用无菌双蒸水稀释 4 倍，得到 5 mg/mL 的蛋白酶 K 溶液。

（3）70% 乙醇：量取 70 mL 的无水乙醇到 30 mL 蒸馏水中，充分混匀。

（4）10 × PCR *Taq* 缓冲液：500 mmol/L KCl，100 mmol/L Tris–HCl，在 25 ℃下，pH 9.0，10 g/L Triton X–100。

（5）25 mmol/L $MgCl_2$：称取 24.25 mg $MgCl_2$，溶解于 10 mL 无菌蒸馏水中。

（6）50 × TAE：称取 242 g Tris 碱，加双蒸水 600 mL 充分溶解，加无水乙酸 57.1 mL，0.5 mol/L EDTA（pH 8.0）100 mL，定容至 1 L。使用前用双蒸水稀释 50 倍至工作浓度。

（7）琼脂糖凝胶：按体积百分比将合适质量的琼脂糖溶解到 1 × TAE 溶液中（例如，1 g 琼脂糖加入到 100 mL TAE 中得到 1% 的胶），微波煮沸摇匀，倒入制胶槽内，插入合适大小的梳齿，冷却凝结。

（8）PCR 引物：

引物名称	序列
SRY–F1	5′–CTAAGTATCAGTGTGAAACGGG–3′
SRY–R1	5′–ATTCTTCGGCAGCATCTTCGC–3′
SRY–F2	5′–ACAGTAAAGGCAACGTCCAGG–3′
SRY–R2	5′–CCTTCCGACGAGGTCGATAC–3′

3. 其他试剂

DNA 上样缓冲液（含安全核酸染料），DNA 标记，*Taq* DNA 聚合酶及缓冲液，dNTP。

五、实验说明

毛发由角蛋白、微量金属元素、代谢产物及色素颗粒等组成。色素颗粒是强 PCR 抑制剂。毛发中的 DNA 主要集中在毛囊细胞中，此外，还有微量 DNA 存在于毛干的髓质中。因此毛发 DNA 提取包括两部分内容，一是带毛根（有毛囊）毛发 DNA 提取，二是毛干 DNA 提取。用毛干提取 DNA 时，并不是毛干越长越好，毛干越长则色素颗粒越多。距皮肤越近的毛干，越易提取出 DNA，越易成功进行 PCR 扩增。一根毛发的毛根 DNA 提取量平均约为 36 ng。

六、实验步骤

1. 毛根 DNA 提取

（1）用镊子夹住毛发的根部，剪取带毛根的毛发约 3 mm，去其余部分，将毛根放入 0.5 mL 离心管中（处理时很容易遗失毛发，应小心操作，最好在桌面上铺一张白纸）。

（2）加入蒸馏水洗涤两次。

（3）加入 30 μL 100 g/L 的 Chelex–100 和 2 μL 5 mg/mL 的蛋白酶 K，放入 56℃水浴中保温 5 h 以上。

（4）取出离心管，轻轻振荡混匀，100℃煮沸 8 min，振荡，13 000 r/min 室温离心 3 min。

（5）转移上清液至干净的 Eppendorf 管中，4℃保存备用。

2. *SRY* 基因的检测

（1）用记号笔在 PCR 管上做好标记。

（2）参照下面标准配置体系：

组分	实验组（25 μL）	对照组（25 μL）
Milli-Q 去离子水	17.75 μL	17.75 μL
10 × PCR *Taq* 缓冲液	2.5 μL	2.5 μL
dNTP（10 mmol/L）	1 μL	1 μL
SRY-F1（10 μmol/L）	0.5 μL	0.5 μL
SRY-R1（10 μmol/L）	0.5 μL	0.5 μL
Taq DNA 聚合酶	0.25 μL	0.25 μL
模板 DNA	2.5 μL 毛囊提取上清液	2.5 μL 水 / 阳性毛囊提取上清液

（3）开始反应前尽量使 PCR 管保持在冰上。

（4）轻弹管壁，混匀溶液。

（5）瞬时离心，使管壁上的液滴落下。

（6）按照下列程序进行 PCR 反应：94℃，3 min；35 个循环（94℃，30 s；60℃，30 s；72℃，30 s）；72℃，8 min。

（7）取 2.5 μL 第一次 PCR 的扩增产物作为模板，进行第二次 PCR 实验。体系如下：

组分	实验组（25 μL）	对照组（25 μL）	空白对照组（25 μL）
10 × PCR *Taq* 缓冲液	2.5 μL	2.5 μL	2.5 μL
dNTP（10 mmol/L）	1 μL	1 μL	1 μL
SRY-F2（10 μmol/L）	0.5 μL	0.5 μL	0.5 μL
SRY-R2（10 μmol/L）	0.5 μL	0.5 μL	0.5 μL
Taq DNA 聚合酶	0.25 μL	0.25 μL	0.25 μL
模板 DNA	2.5 μL 第一次 PCR 实验组的扩增产物	2.5 μL 第一次 PCR 阴性 / 阳性对照组的扩增产物	2.5 μL 水
Milli-Q 去离子水	17.75 μL	17.75 μL	17.75 μL

（8）按照下列程序进行 PCR 反应：94℃，3 min；35 个循环（94℃，30 s；60℃，30 s；72℃，30 s）；72℃，8 min。

（9）制备一块 2% 的琼脂糖凝胶，取 10 μL 第二次 PCR 的扩增产物，加 2 μL 6 × 上样缓冲液，混匀点样。再取 5 μL 的 DNA 标记点样，120 V 电泳 30 min 左右。

（10）利用凝胶成像仪进行拍照，记录实验结果。

七、实验结果

1. 对未知样品进行 PCR 检测时，要设置阳性对照（男性 DNA），阴性对照（女性 DNA），空白对照（加无菌双蒸水），共有 4 个平行管。每份样品重复检测一次。两次实验均阳性为男性，均阴性为女性。两次实验中仅有一管阳性结果，需要再重复检测一次。

2. 第一轮 PCR 扩增后偶尔可见到 PCR 产物，为 299 bp。第二轮巢式 PCR 扩增后，可见到明显的扩增产物，为 252 bp（图 18-1）。

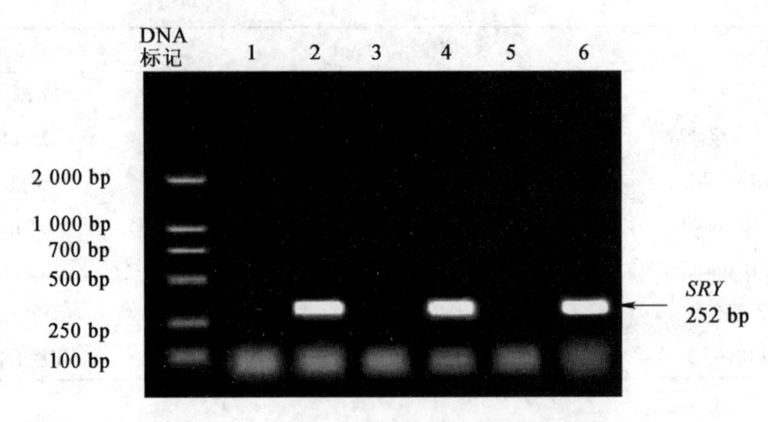

图 18-1　*SRY*基因的琼脂糖凝胶电泳检测

1号是空白对照；2号是阳性对照（男性DNA）；3号是阴性对照（女性DNA）；
4～6号是未知样品。经实验结果分析可知：4和6号是男性；5号是女性

八、思考题

1. 毛发DNA的提取与口腔细胞DNA的提取有什么不同，需要注意哪些方面？
2. 该实验为什么要同时设置阴性对照和空白对照？

参考文献

1. Berta P，Hawkins J R，Sinclair A H，*et al*. Genetic evidence equating *SRY* and the testis-determining factor. Nature，1990，348（6300）：448–450.

2. Sinclair A H，Berta P，Palmer M S，*et al*. A gene from the human sex-determining region encodes a protein with homology to a conserved DNA–binding motif. Nature，1990，346（6281）：240–244.

3. Wallis M C，Waters P D，Graves J A. Sex determination in mammals—Before and after the evolution of *SRY*. Cell.Mol.Life Sci.，2008，65（20）：3 182–3 195.

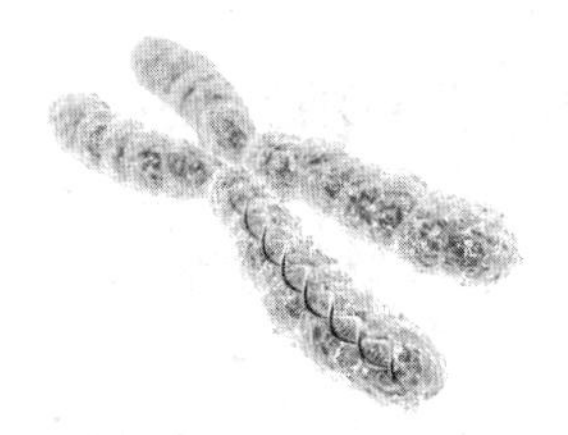

实验 19

DNA 指纹的遗传分析

一、实验原理

简单序列长度多态性（single sequence length polymorphism，SSLP）作为第二代分子遗传标记，在人类基因组作图中得到了广泛的应用。其中数目变异串联重复（variable numbers of tandem repeat，VNTR），也称为小卫星 DNA，是由重复单位为 6～25 bp 的核心序列串联重复而成。短串联重复（short tandem repeat，STR），也称为微卫星 DNA，是由 2～6 bp 的核心序列串联重复而成。这些简单重复序列的核心序列在人群中高度保守，但在不同个体之间重复单位的数目高度可变，重复拷贝的等位性也千差万别，表现出了极强的多态性。两个无血缘关系的个体具有相同 DNA 指纹图谱的概率仅为 5×10^{-19}，只有同卵双胞胎的 DNA 指纹图谱是会完全相同的。利用这种 DNA 多态性进行身份识别，就类似于传统指纹分析技术，因此被称为“DNA 指纹”（DNA fingerprinting）分析，最早是由英国遗传学家 Alec Jefferys 提出的。由于 DNA 指纹图谱具有高多态性，且能稳定遗传，易于检测，因此被广泛用于研究动植物群体遗传结构、生态与进化、分类等。

本实验利用 PCR 的方法进行 DNA 指纹分析，检测人类 1 号染色体上的一个小卫星 DNA，*D1S80*。

二、实验目的

1. 学习人口腔细胞 DNA 的提取方法。
2. 掌握“DNA 指纹”的原理及遗传特征并能在实践中应用。
3. 学习通过分子遗传学的基本操作技术（PCR）对人的亲缘关系进行遗传分析的方法。

三、实验材料

人类口腔细胞（主要是来自分布于口腔两侧颊部的上皮细胞，另有少量白细胞）。

四、实验器具和试剂

1. 用具

高速离心机，PCR 仪，电泳仪，电泳槽，紫外检测仪，微量移液器（使用方法见网上资源“视频 19-1”），Eppendorf 管，吸头，量筒，三角烧瓶。（实验前准备吸头和 Eppendorf 管，并灭好菌待用。）

2. 试剂

（1）100 g/L Chelex-100：称取 1 g Chelex-100，加入 10 mL 无菌双蒸水，于 4℃保存备用，为悬浊液。

（2）9 g/L NaCl（生理盐水）：称取 9 g NaCl，加入蒸馏水 700 mL，盐溶解后定容至 1 000 mL。

（3）10×PCR *Taq* 缓冲液：500 mmol/L KCl，100 mmol/L Tris-HCl，在 25 ℃下，pH 9.0，10 g/L Triton X-100。

（4）25 mmol/L $MgCl_2$：称取 24.25 mg $MgCl_2$，溶解于 10 mL 无菌蒸馏水中。

（5）50×TAE：称取 242 g Tris 碱，加双蒸水 600 mL 充分溶解，加无水乙酸 57.1 mL，0.5 mol/L EDTA（pH 8.0）100 mL，定容至 1 L。使用前用双蒸水稀释 50 倍至工作浓度。

（6）琼脂糖凝胶：按体积百分比将合适质量的琼脂糖溶解到 1×TAE 溶液中（例如，1 g 琼脂糖加入到 100 mL TAE 中得到 1% 的胶），微波煮沸摇匀，倒入制胶槽内，插入合适大小的梳齿，冷却凝结。

（7）引物：

引物名称	序列
D1S80-F	5′-GTCTTGTTGGAGATGCACGTGCCCCTTGC-3′
D1S80-R	5′-GAAACTGGCCTCCAAACACTGCCCGCCG-3′

3. 其他试剂

DNA 上样缓冲液（含安全核酸染料），DNA 标记，*Taq* DNA 聚合酶及缓冲液，dNTP。

五、实验说明

当实验材料较少或者只需要少量的 DNA 进行后续操作时，可以用 Chelex-100 提取方法提取 DNA。Chelex-100 是一种化学螯合树脂，由苯乙烯、二乙烯苯共聚体组成。含有成对的亚氨基二乙酸盐离子，整合多价金属离子，尤其是选择性整合二价离子，比普通离子交换剂具有更高的金属离子选择性和较强的结合力，也能结合许多可能影响进一步分析的其他外源物质。通过离心除去 Chelex-100 颗粒，使这些与 Chelex-100 结合的物质与 DNA 分离，防止结合到 Chelex 中的抑制剂或杂质带到 PCR 反应中，影响下一步的 DNA 分析，并通过结合金属离子，防止 DNA 降解。Chelex-100 还可以防止 DNA 在煮沸中的降解，并在高温低离子强度下起着催化 DNA 释放的作用。

六、实验步骤

1. 口腔细胞 DNA 提取

（1）用清水漱口 1～2 次，然后吐掉。（注意，不要将漱口水吐入采集杯中。）

（2）漱口后等候至少 5 min 方可采集唾液，期间不要进食和饮用各种饮料。

（3）准备 20 mL 9 g/L 的生理盐水放入一次性口杯中。

（4）用 10 mL 生理盐水用力漱口，持续 1 min。

（5）漱口水先放在一个干净的一次性口杯中，取 1 mL 放入 1.5 mL 离心管。

（6）8 000 r/min 离心 15 min，小心弃去上清液，避免扰动沉淀。

（7）利用残余的生理盐水 30 μL 悬浮沉淀细胞。

（8）加入 100 μL 100 g/L Chelex–100 树脂，置振荡器中振荡混匀。

（9）离心管沸水浴 10 min（结束时可用冰水冷却，亦可不用）。

（10）振荡器振荡离心管，混匀内容物，瞬时离心，使挂壁溶液落下。

（11）吸出上清液，避免扰动下层沉淀，用于 PCR 扩增，或放 4℃保存备用。

2. *D1S80* 等位基因的扩增

（1）用记号笔在 PCR 管上做好标记。

（2）参照下面标准配置体系：

组分	实验组（25 μL）	阴性对照组（25 μL）
10 × PCR *Taq* 缓冲液	2.5 μL	2.5 μL
dNTP（10 mmol/L）	1 μL	1 μL
D1S80–F（10 μmol/L）	0.5 μL	0.5 μL
D1S80–R（10 μmol/L）	0.5 μL	0.5 μL
Taq DNA 聚合酶	0.25 μL	0.25 μL
模板 DNA	2.5 μL 口腔细胞 DNA	2.5 μL Milli–Q 去离子水
Milli–Q 去离子水	17.75 μL	17.75 μL

（3）开始反应前尽量使 PCR 管保持在冰上。

（4）轻弹管壁，混匀溶液。

（5）瞬时离心，使管壁上的液滴落下。

（6）按照下列程序进行 PCR 反应：94℃，1 min；30 个循环（94℃，15 s；68℃，15 s；72℃，15 s）；72℃，8 min。

（7）制备一块 3% 的琼脂糖电泳凝胶，取 20 μL PCR 产物，加 4 μL 6× 上样缓冲液，混匀，各自加入凝胶样孔，并加入 DNA 相对分子质量标记（DNA 标记），注意不要有气泡进入，120 V 电泳 40 min 左右。

（8）利用凝胶成像仪进行拍照，记录实验结果，观察和分析 *D1S80* 多态性。

七、实验结果

1. 本实验所选择的方法是 *D1S80* 指纹图谱分析的常用方法。人类 1 号染色体上的 VNTR *D1S80*，核心序列由 16 个核苷酸组成，拷贝数在 13～44 个之间，已知 32 种不同的等位基因。人群中 *D1S80* 座位的杂合率约为 86%。从理论上讲，可能存在 528 种不同的等位基因组合。利用 *D1S80* 座位两侧序列设计的引物（Kasai 等，1990），通过 PCR 反应，很容易确定特定个体的 *D1S80* 等位基因构成，纯合体只有一条 PCR 产物条带，而杂合体有两条不同的产物条带。因为重复数为 1 的 *D1S80* PCR 产物长 161 bp，所以，重复数每增加一个，序列增加长度 16 bp，依此推算。根据电泳结果（图 19–1），利用 GeneSys 软件分析条带大小，填写 *D1S80* 等位基因分析结果记录表。

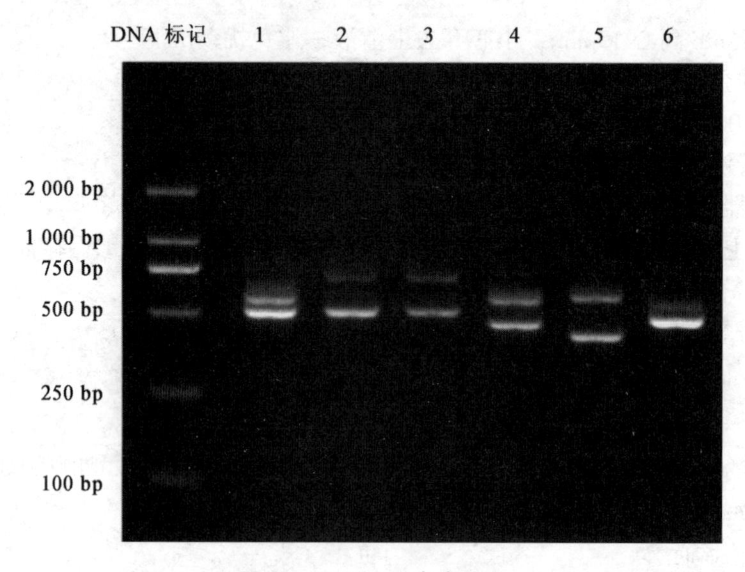

图 19–1 *DIS80* 电泳结果

1 ~ 6 为来自 5 个不同个体的 *D1S80*，其中 2 和 3 为同一个体

学生姓名	*D1S80* DNA 指纹特征		
	条带大小 /bp	长度（重复数）	杂合 / 纯合
学生 A			
学生 B			
学生 C			

2. 在班级中调查有无同学 *D1S80* 指纹图谱完全相同或部分相同。自行查找有关人群中 *D1S80* 各等位基因频率的资料，计算两个没有亲缘关系的个体，其 *D1S80* 指纹图谱完全相同或部分相同的概率。

八、思考题

1. 产生 DNA 指纹图谱还有哪些方法？比较它们之间的优点和缺点？

2. 如果一个个体的两个 *D1S80* 等位基因重复数相差比较少，只有一两个重复，用琼脂糖凝胶电泳检测出来的结果是怎样的？如何分析？

参考文献

1. Jeffreys A J，*et al*. Hypervariable ‘minisatellite’ regions in human DNA. Nature，1985，314（6006）：67–73.

2. Kasai，*et al*. Amplification of a variable number of tandem repeats（VNTR）locus（pMCT118）by the polymerase chain reaction（PCR）and its application to forensic science. J Forensic Science，1990，35：1 196.

3. Jeffreys A J，*et al*. Genetic fingerprinting. Nat Med，2005，11（10）：1 035–1 039.

4. Mertens T R，Hammersmith R L. Genetics Laboratory Investigations. 12th ed. New York：Prentice–Hall，Inc.，2001.

实验 20

人 ABO 血型 PCR 与酶切分型的遗传分析

一、实验原理

血型是人类常见的一种遗传表型，拥有丰富的遗传学内涵。ABO 血型系统是第一个被描述的红细胞血型系统，也是最具有临床意义的一个系统。人类的 ABO 血型主要包括 3 个复等位基因，即 I^A、I^B 和 i，位于 9 号染色体长臂（9q34），编码专一性的糖基转移酶，可以催化血型抗原前体特定部位的糖基转移，从而控制 ABO 血型抗原的生物合成。其中 I^A 基因编码产物为 *N*- 乙酰 -*D*- 半乳糖胺转移酶（简称 A 酶），可以催化合成常见的 A 抗原；I^B 基因编码产物为 α-1,3-D- 半乳糖转移酶（简称 B 酶），可以催化合成常见的 B 抗原；*i* 基因由于碱基缺失导致密码子移位，终止密码提前出现，仅能合成无酶活性的短肽，不能催化糖基转移，只有前体物质 H 的产生，因此 O 抗原也称为 H 抗原（图 20-1）。

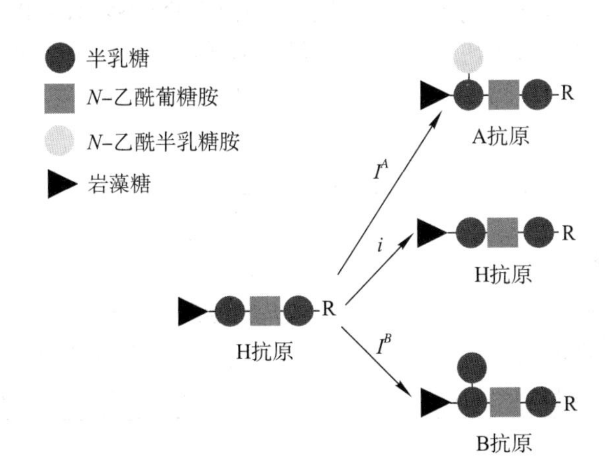

图 20-1　ABO 血型的抗原形成

临床上可通过血清学方法区分 A、B、AB 和 O 型血个体，但是该方法无法区分表现型都是 A 或者 B 的杂合子和纯合子。本实验根据 ABO 血型决定基因的序列差异，应用 PCR 与限制性内切酶片段长度多肽相结合的技术方法，进行人类 ABO 血型的基因型鉴定。

二、实验目的

1. 学习人 ABO 血型的细胞膜糖基特征和生化机制。

2. 掌握PCR和酶切联用对人ABO血型进行分型的实验原理及操作方法。

三、实验材料

人类口腔细胞（同实验19）；人ABO血型决定基因 I^A、I^B 和 i 的重组T载体克隆（自制）。

四、实验器具与试剂

1. 用具

恒温水浴箱，高速离心机，旋涡振荡器，PCR仪，电泳仪，电泳槽，紫外检测仪，微量移液器，采样杯，Eppendorf管，吸头，量筒，配胶瓶。（实验前准备吸头和Eppendorf管，并灭好菌待用。）

2. 试剂

（1）100 g/L Chelex-100：称取1 g Chelex-100，加入10 mL无菌双蒸水，于4℃保存备用。为悬浊液，使用前一定要摇匀。

（2）9 g/L NaCl（生理盐水）：称取9 g NaCl，加入蒸馏水700 mL，盐溶解后定容至1 000 mL。

（3）10×PCR *Taq* 缓冲液：500 mmol/L KCl，100 mmol/L Tris-HCl，在25℃下，pH 9.0，10 g/L Triton X-100。

（4）25 mmol/L $MgCl_2$：称取24.25 mg $MgCl_2$，溶解于10 mL无菌蒸馏水中。

（5）50×TAE：称取242 g Tris碱，加双蒸水600 mL充分溶解，加无水乙酸57.1 mL，0.5 mol/L EDTA（pH 8.0）100 mL，定容至1 L。使用前用双蒸水稀释50倍至工作浓度。

（6）琼脂糖凝胶：按体积百分比将合适质量的琼脂糖溶解到1×TAE溶液中（例如，1 g琼脂糖加入到100 mL TAE中得到1%的胶），微波煮沸摇匀，倒入制胶槽内，插入合适大小的梳齿，冷却凝结。

（7）引物：

引物名称	序列
ABO-*Kpn*-F1	5′-CTCTGGAAGGGTGGTCAGAG-3′
ABO-*Kpn*-R1	5′-CTCTGGGAGGACAAGGCTG-3′
ABO-*Alu*-F2	5′-CGCATGGAGATGATCAGTGAC-3′
ABO-*Alu*-R2	5′-CTGCTGGTCCCACAAGTACT-3′

3. 其他试剂

DNA上样缓冲液（含安全核酸染料），DNA标记，*Taq* DNA聚合酶及缓冲液，dNTP，限制性内切酶 *Kpn* Ⅰ和 *Alu* Ⅰ。

五、实验步骤

1. 唾腺DNA提取

（1）用清水漱口1～2次，然后吐掉。（注意，不要将漱口水吐入采集杯中。）

（2）漱口后等候至少5 min方可采集唾液，期间不要进食和饮用各种饮料。

（3）每人准备 20 mL 9 g/L 的生理盐水放入一次性口杯中。
（4）用 10 mL 生理盐水用力漱口，持续 1 min。
（5）漱口水先放在一个干净的一次性口杯中，取 1 mL 放入 1.5 mL 离心管。
（6）8 000 r/min 离心 15 min，小心弃去上清液，避免扰动沉淀。
（7）利用残余的生理盐水 30 μL 悬浮沉淀细胞。
（8）加入 100 μL 100 g/L Chelex-100 树脂，置振荡器振荡混匀。
（9）离心管沸水浴 10 min（结束时可用冰水冷却，亦可不用）。
（10）振荡器振荡离心管，混匀内容物，瞬时离心，使挂壁溶液落下。
（11）吸出上清液，避免扰动下层沉淀，用于 PCR 扩增，或放 4℃保存备用。
2. PCR 扩增与酶切分型
（1）用记号笔在 PCR 管上做好标记。
（2）参照下面标准配置体系：

组分	单个体系（50 μL）	×4
2 × Phusion MasterMix	25 μL	100 μL
Kpn 体系正向引物（10 μmol/L）	1.5 μL	6 μL
Kpn 体系反向引物（10 μmol/L）	1.5 μL	6 μL
模板 DNA	5 μL	/
Milli-Q 去离子水	17 μL	68 μL

总管配好后先不加模板，分装 3 管，45 μL/ 管，然后依次加入不同模板：①阴性对照组，5 μL 的 Milli-Q 去离子水；②阳性对照组，5 μL 的 i 血型基因 T 载体重组克隆 DNA；③实验组，5 μL 的口腔细胞 DNA。

组分	单个体系（50 μL）	×4
2 × Phusion MasterMix	25 μL	100 μL
Alu 体系正向引物（10 μmol/L）	1.5 μL	6 μL
Alu 体系反向引物（10 μmol/L）	1.5 μL	6 μL
模板 DNA	5 μL	/
Milli-Q 去离子水	17 μL	68 μL

总管配好后先不加模板，分装 3 管，45 μL/ 管，然后依次加入不同模板：①阴性对照组，5 μL 的 Milli-Q 去离子水；②阳性对照组，5 μL 的 I^B 血型基因 T 载体重组克隆 DNA；③实验组，5 μL 的口腔细胞 DNA。

（3）开始反应前尽量使 PCR 管保持在冰上。

（4）轻弹管壁，混匀溶液。然后瞬时离心，使管壁上的液滴落下。

（5）按照下列程序开始 PCR 反应：95℃，4 min；30 个循环（95℃，30 s；60℃，30 s；72℃，20 s）；72℃，5 min。

3. 酶切消化

说明：如果 PCR 产物直接酶切的效果不佳，建议先进行产物回收，再进行酶切检验。

（1）参照下面标准配置体系：

组分	总体积 30 μL	总体积 30 μL
10× 缓冲液	3 μL	3 μL
PCR 产物	*Kpn* I 扩展产物 20 μL	*Alu* I 扩展产物 20 μL
限制性内切酶	*Kpn* I 1 μL	*Alu* I 1 μL
H_2O	6 μL	6 μL

（2）置 37℃孵育 2 h。

4. 电泳检测

（1）取 10 μL PCR 扩增产物及 20 μL 酶切产物，加相应的 DNA 上样缓冲液，混匀。

（2）用 1×TAE 电泳缓冲液配制 4%琼脂糖电泳凝胶。

（3）将样品加入凝胶加样孔，并加入 DNA 分子量标记（DNA 标记），注意不要有气泡进入，100 V 电泳 40 min 左右。

（4）利用凝胶成像仪进行拍照，记录实验结果。

六、实验结果

1. 观察凝胶电泳的结果（图 20-2、图 20-3），根据酶切产物条带大小判断等位基因类型。

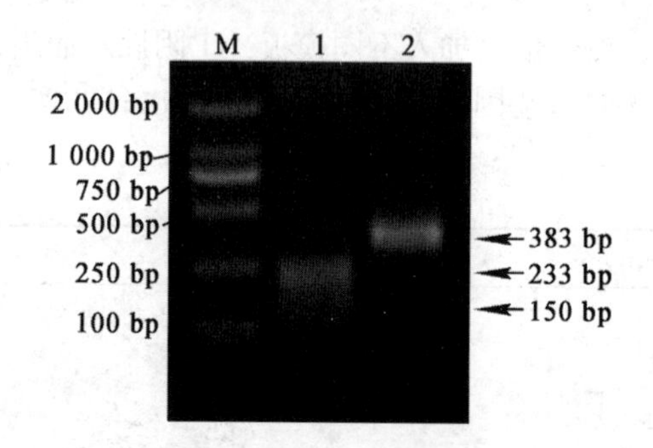

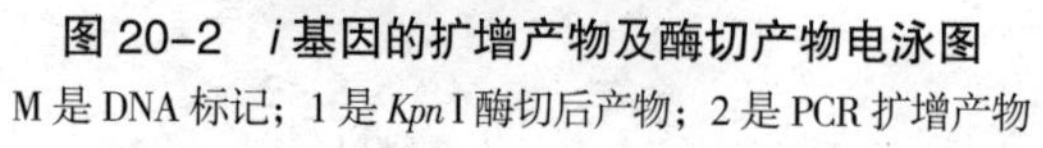
图 20-2 *i* 基因的扩增产物及酶切产物电泳图

M 是 DNA 标记；1 是 *Kpn* I 酶切后产物；2 是 PCR 扩增产物

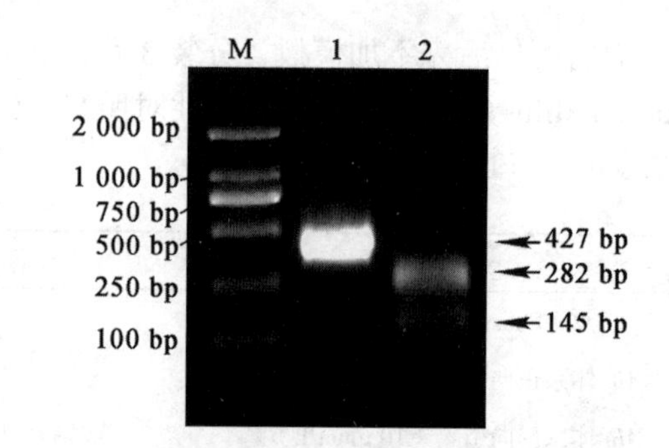

图 20-3 I^B 基因的扩增产物及酶切产物电泳图

M 是 DNA 标记；1 是 PCR 扩增产物；2 是 *Alu* I 酶切后产物

2. 根据下表分析实验样品对应的基因型。

基因型	*Kpn* I 扩增产物	*Kpn* I 酶切产物	*Alu* I 扩增产物	*Alu* I 酶切产物
OO	383	233+150	427	427
AO	383	383，233+150	427	427
AA	383	383	427	427
BO	383	383，233+150	427	427，145+282
BB	383	383	427	145+282
AB	383	383	427	427，145+282

七、思考题

1. 该实验中使用高浓度的琼脂糖凝胶的目的是什么？
2. ABO 血型的鉴定方法有哪些？PCR 与酶切分型方法的优点是什么？

参考文献

Yamatoto F，McNeill P D，Hakomori S.Genomic organization of human histo-blood group ABO genes. Glycobiology，1995，5（1）：51–58.

实验 21

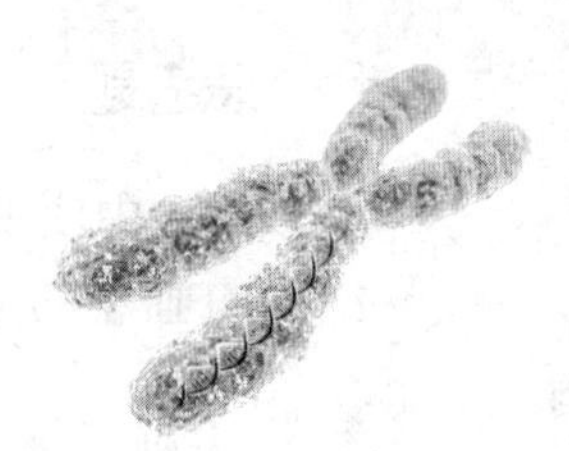

人 mtDNA 的进化分析

一、实验原理

人线粒体基因组的遗传遵循母系遗传的规则。和细胞核基因组不同，人类的线粒体基因组在细胞中是多拷贝的。在有些细胞中，拷贝数甚至可以达到成百上千。正因为如此，从陈旧、微量或因故部分降解的组织标本中获得完整的核遗传物质虽然有一定的困难，但获得完整的线粒体 DNA（mitochondria DNA，mtDNA）则很容易。如果有新鲜细胞样本，通过 PCR 扩增 mtDNA 非常方便。

人 mtDNA 是闭合环形分子，全长由 16 569 个核苷酸组成，共有 37 个基因，其中 13 个基因编码细胞内蛋白质，22 个基因编码 tRNA，2 个基因编码 rRNA（图 21–1）。哺乳类 mtDNA 使用的遗传密码与其核遗传密码略有不同。mtDNA 中的绝大多数 DNA 序列均为编码序列，但仍有一段长约 1 200 bp 的非编码区域，称为控制区（control region）或者 D 环（D–loop），包含两段高度变异的区域（hypervariable control region）HVS1 和 HVS2，其碱基变异速率大约为核基因组的 10 倍。因此，常被用于进行 DNA 进化分析。

本实验研究线粒体基因组中一段非编码 DNA 序列在学生群体中的多态现象。这一区域位于 mtDNA 的 15 971–16 410 区域，长 440 bp，覆盖 HVS 1 区（16 024–16 365）。首先利

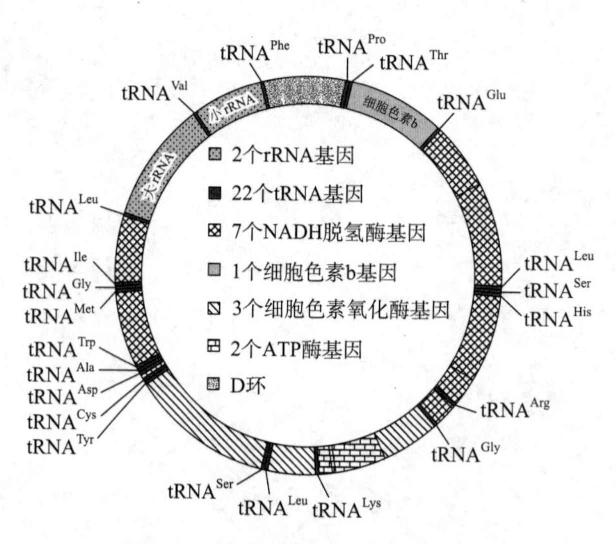

图 21–1　人类 mtDNA 的结构示意图

用 PCR 技术，大量扩增 mtDNA 片段，并在琼脂糖凝胶电泳上进行观察。因为每个人扩增的是同一 DNA 片段，因此产物在电泳胶上的位置也是相同的。然后将全班同学的 mtDNA 片段分别进行测序，可发现每个同学的 mtDNA 顺序上都具有特定的单核苷酸多态性（single nucleotide polymorphism，SNP）。利用这些序列进行同源比对，可以观察和研究人类 DNA 多态和人种进化。

二、实验目的

1. 学习用软件对获得的 DNA 序列进行初步分析的方法。
2. 掌握常用的进化分析软件对多样本序列进行进化分析的方法。
3. 对序列比对结果进行单核苷酸多态性的分析，从而追踪人类进化的轨迹，并进行亲缘关系的分析。

三、实验材料

人类口腔细胞（同实验 19）。

四、实验器具和试剂

1. 用具

恒温水浴箱，高速离心机，旋涡振荡器，PCR 仪，电泳仪，电泳槽，紫外检测仪，移液枪，采样杯，Eppendorf 管，吸头，量筒，配胶瓶。（实验前准备吸头和 Eppendorf 管，并灭好菌待用。）

2. 试剂

（1）9 g/L NaCl（生理盐水）：称取 9 g NaCl，加入蒸馏水 700 mL，盐溶解后定容至 1 000 mL。

（2）100 g/L Chelex-100：称取 1 g Chelex-100，加入 10 mL 无菌双蒸水（Milli-Q H_2O），于 4℃保存备用。为悬浊液，使用前一定要摇匀。

（3）10 × PCR *Taq* 缓冲液：500 mmol/L KCl，100 mmol/L Tris-HCl，在 25 ℃下，pH 9.0，10 g/L Triton X-100。

（4）25 mmol/L $MgCl_2$：称取 24.25 mg $MgCl_2$，溶解于 10 mL 无菌蒸馏水中。

（5）50 × TAE：称取 242 g Tris 碱，加双蒸水 600 mL 充分溶解，加无水乙酸 57.1 mL，0.5 mol/L EDTA（pH 8.0）100 mL，定容至 1 L。使用前用双蒸水稀释 50 倍至工作浓度。

（6）琼脂糖凝胶：按体积百分比将合适质量的琼脂糖溶解到 1 × TAE 溶液中（例如，1 g 琼脂糖加入到 100 mL TAE 中得到 1% 的胶），微波煮沸摇匀，倒入制胶槽内，插入合适大小的梳齿，冷却凝结。

（7）引物：

引物名称	序列
hmtDNA-F	5′-GAGGATGGTGGTCAAGGGAC-3′
hmtDNA-R	5′-TTAACTCCACCATTAGCACC-3′

3. 其他试剂

DNA上样缓冲液（含安全核酸染料），DNA标记，*Taq* DNA聚合酶及缓冲液，dNTP，PCR产物纯化试剂盒。

五、实验步骤

1. 唾腺DNA提取

（1）用清水漱口1～2次，然后吐掉。（注意，不要将漱口水吐入采集杯中。）

（2）漱口后等候至少5 min方可采集唾液，期间不要进食和饮用各种饮料。

（3）每人准备20 mL 9 g/L的生理盐水放入一次性口杯中。

（4）用10 mL生理盐水用力漱口，持续1 min。

（5）漱口水先放在一个干净的一次性口杯中，取1 mL放入1.5 mL离心管。

（6）8 000 r/min离心15 min，小心弃去上清液，避免扰动沉淀。

（7）利用残余的生理盐水30 μL悬浮沉淀细胞。

（8）加入100 μL 100 g/L Chelex-100树脂，置振荡器振荡混匀。

（9）离心管沸水浴10 min（结束时可用冰水冷却，亦可不用）。

（10）振荡器振荡离心管，混匀内容物，瞬时离心，使挂壁溶液落下。

（11）吸出上清液，避免扰动下层沉淀，用于PCR扩增，或放4℃保存备用。

2. PCR扩增mtDNA片段

（1）用记号笔在PCR管上做好标记。

（2）参照下面标准配置体系：

组分	实验组（25 μL）	阴性对照组（25 μL）
Milli-Q去离子水	17.75 μL	17.75 μL
10×PCR *Taq*缓冲液	2.5 μL	2.5 μL
dNTP（10 mmol/L）	1 μL	1 μL
hmtDNA-F（10 μmol/L）	0.5 μL	0.5 μL
hmtDNA-R（10 μmol/L）	0.5 μL	0.5 μL
Taq DNA聚合酶	0.25 μL	0.25 μL
模板DNA	2.5 μL口腔细胞DNA	2.5 μL Milli-Q去离子水

（3）开始反应前尽量使PCR管保持在冰上。

（4）轻弹管壁，混匀溶液。

（5）瞬时离心，使管壁上的液滴落下。

（6）按照以下程序进行PCR反应：94℃，1 min；30个循环（94℃，30 s；58℃，30 s；72℃，30 s）；72℃，10 min。

（7）用1×TAE电泳缓冲液配制1%琼脂糖电泳凝胶。

（8）取5 μL mtDNA PCR产物，加1 μL 6×上样缓冲液，混匀，各自加入凝胶样孔，并加入DNA相对分子质量标记（DNA ladder），注意不要有气泡进入，120 V电泳30 min左右。

（9）利用凝胶成像仪进行拍照，记录实验结果。

3. PCR 产物纯化与测序

（1）戴好手套，避免污染。

（2）取剩余的 PCR 产物，用 DNA 回收试剂盒（可选用任意一种 PCR 产物回收试剂盒，按说明书操作）除去溶液中的 PCR 反应试剂。

（3）用 NanoDrop 超微量分光光度计测定 DNA 的浓度，然后根据浓度稀释纯化后的 mtDNA PCR 产物。

（4）轻弹管壁混匀，瞬时离心，使管壁上的液滴下落。

（5）在离心管上做好标记，置冰上待专人收集，统一测序。

（6）也可用高保真酶 PCR 后将纯化后的产物连入克隆载体后再测序。（DNA 测序原理详见网上资源“视频 21–1”）

六、实验结果

1. PCR 产物电泳分析

每个同学在本次实验中所扩增的是同一段 mtDNA 区域，总长 440 bp。在电泳凝胶上，所有人的 PCR 扩增产物理论上完全相同。注意观察凝胶上各个 DNA 条带，拍照记录结果，标出相对分子质量标记各个条带的相对分子质量（bp）；观察有无目的 DNA 片段，并标出其位置及大小；观察有无非特异性扩增的 DNA 片段，如有，标出其位置及大小（图 21–2）。

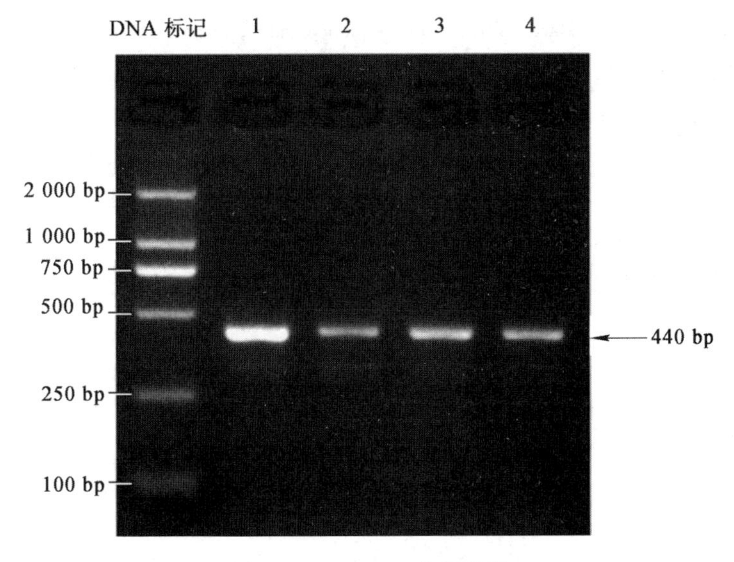

图 21–2　mtDNA 电泳结果

2. 控制区的 SNP 分析

由于 mtDNA 的进化速率比核 DNA 的快得多，而控制区部分是 mtDNA 的高变异区域，因此，本实验很容易在不同个体之间找到 SNP。

利用序列分析软件 Vector NTI，PHYLIP（http://evolution.genetics.washington.edu/phylip.html）和 MEGA（http://www.megasoftware.net）等，尝试将自己的 mtDNA 片段分别与其他同学的进行比较，找出彼此间不同的核苷酸位点，记录其位置和类型。

3. 人类 mtDNA 进化分析

1965年 Zuckerkandl 和 Pauling 最早提出“分子钟”（molecular clock）假说。其成立的先决条件是，对于任意给定的大分子（蛋白质或 DNA 序列）在所有进化谱系中的进化速率是近似恒定的。分子进化改变量（替换数或替换百分率）与分子进化时间呈正比。在获得了分子进化改变量 - 进化时间的对应曲线条件下，可以推断未知进化事件发生的可能时间。根据分子钟假说，可以通过基因序列间的分歧度及序列的平均置换速率来估计速率恒定分支间的分歧时间，然后与化石记录所反映的时间数据进行比较，从而获得生物的进化钟。例如，化石证据显示，人与黑猩猩的分歧时间在500万～600万年前，当我们把这个时间和人与黑猩猩的序列差异结合后，便可以获得人类进化的生物钟，并用它研究人类进化历程。

在网站 www.phylotree.com 下载 Reconstructed Sapiens Reference Sequence（RSRS）序列，将自己的 mtDNA 片段与其进行比较，找出有差异的碱基（可以忽略碱基缺失和插入），从而可以粗略判断每个个体所从属的 mtDNA 单倍群，进而了解自身的进化轨迹。

七、思考题

1. 为什么线粒体控制区的突变率要比核 DNA 的突变率高？
2. 形成线粒体控制区的高突变率的原因有哪些？试分析其在进化过程中的利弊。

参考文献

1. Anderson S，Bankier A T，Barrell B G，*et al*. Sequence and organization of the human mitochondrial genome. Nature，1981，290（5806）：457–465.

2. Pakendorf B，Stoneking M. Mitochondrial DNA and human evolution. Annu Rev Genomics Hum Genet，2005，6：165–183.

3. van Oven M，Kayser M. Updated comprehensive phylogenetic tree of global human mitochondrial DNA variation. Hum Mutat，2009，30（2）：E386–E394.

4. Zuckerkandl E，Pauling L. Evolutionary divergence and convergence in proteins//Bryson V，Vogelh J. Evolving Genes and Proteins.New York：Academic Press，1965：97–166.

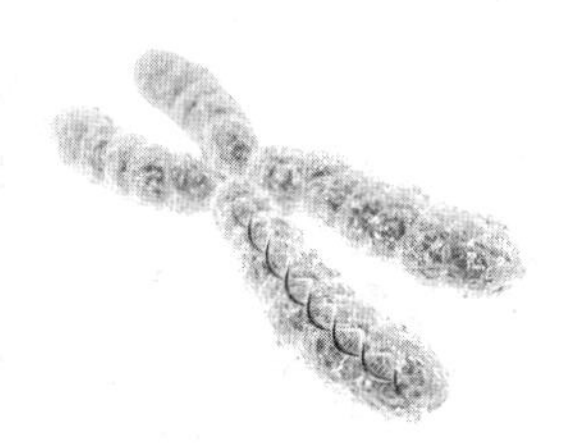

实验 22

PTC 味盲基因的群体遗传分析

一、实验原理

苯硫脲（phenylthiourea），又称苯基硫代碳酰二胺（phenylthiocarbamide，PTC），是由尿素合成的白色晶体，因分子结构苯环上带有硫代酰胺基（NCS）而呈苦味。1931 年 Fox 发现某些人对 PTC 有苦味感而某些人则无苦味感，从而将人类分为两类：PTC 尝味者（或敏感者）和 PTC 味盲者。

研究发现，PTC 尝味能力是受单基因控制的一种遗传性状，属于常染色体不完全显性遗传。尝味者是显性遗传基因 *T* 的纯合子（*TT*）或杂合子（*Tt*），而味盲者则是隐性基因 *t* 的纯合子（*tt*）。2003 年，D. Drayna 等人成功克隆了 PTC 味盲基因 *TAS2R38*，它属于苦味受体基因 T2R 家族，定位于人类 7 号染色体短臂。

检测 PTC 味盲有纸片法、结晶法、阈值法等几种不同的方法。近年来国际上研究者主要采用 1949 年 Harris 和 Kalmus 改进的阈值法。本实验按照改进的阈值法对人群进行 PTC 味盲基因频率的测定与分析，为群体遗传学的学习提供基本数据。

二、实验目的

1. 提高对味盲基因频率的分析，了解群体基因频率测算的一般方法。
2. 加深理解群体平衡定律，了解改变遗传平衡的因素。

三、实验材料

本校各院系学生或某一区域人群。

四、实验器具和试剂

1. 用具

天平，烧杯，容量瓶，试剂瓶等。

2. 试剂

苯硫脲（PTC）溶液：称取 1.3 g 苯硫脲，加双蒸水 1 000 mL 于容量瓶中，置于室温下 2 ~ 3 d 即可完全溶解。在此期间应不断摇晃以加速溶解过程，也可将容量瓶放于 60℃水浴中 1 h 充分溶解。配成的溶液质量浓度为 1/750 g · mL^{-1}，编为 1 号。将 500 mL 的 1 号液与 500 mL 双蒸水混匀，总体积达 1 000 mL，为 2 号液。如此依次倍比稀释，共配制 14 种浓度

（表 22–1），分别装入无菌的试剂瓶中。

表 22–1　14 种 PTC 溶液的配制方法、浓度与对应基因型

编号	配制方法	PTC 质量浓度 / （$g \cdot mL^{-1}$）	基因型
1	1.3 g PTC+ 双蒸水 1 000 mL	1/750	*tt*
2	1 号液 500 mL+ 双蒸水 500 mL	1/1 500	*tt*
3	2 号液 500 mL+ 双蒸水 500 mL	1/3 000	*tt*
4	3 号液 500 mL+ 双蒸水 500 mL	1/6 000	*tt*
5	4 号液 500 mL+ 双蒸水 500 mL	1/12 000	*tt*
6	5 号液 500 mL+ 双蒸水 500 mL	1/24 000	*tt*
7	6 号液 500 mL+ 双蒸水 500 mL	1/48 000	*Tt*
8	7 号液 500 mL+ 双蒸水 500 mL	1/96 000	*Tt*
9	8 号液 500 mL+ 双蒸水 500 mL	1/192 000	*Tt*
10	9 号液 500 mL+ 双蒸水 500 mL	1/384 000	*Tt*
11	10 号液 500 mL+ 双蒸水 500 mL	1/768 000	*TT*
12	11 号液 500 mL+ 双蒸水 500 mL	1/1 536 000	*TT*
13	12 号液 500 mL+ 双蒸水 500 mL	1/3 072 000	*TT*
14	13 号液 500 mL+ 双蒸水 500 mL	1/6 144 000	*TT*
15	双蒸水	0	—

五、实验步骤

1. 学生端正坐好，仰头张口伸舌，用滴管滴 5 ~ 6 滴 14 号液于舌根部，慢慢咽下尝味，然后在不告诉该同学的情况下，再滴 5 ~ 6 滴双蒸水，询问其能否鉴别此两种溶液的味道。

2. 如果不能鉴别或鉴别不准，则依次用稍浓的 13 号溶液重复试验，直到能明确鉴别出 PTC 的苦味为止。记录该溶液号。

3. 再用此号溶液重复尝味 3 次，并记录首次尝到 PTC 苦味的浓度等级号。如果受试者直到 1 号溶液仍然尝不出苦味，则其尝味浓度等级定为“<1 号”。

4. 测定时，为了避免由于受试者的猜测及其心理作用而影响结果的准确性，需用双蒸水反复交替给受试者尝味。

六、实验结果

世界不同民族与地区的 PTC 味盲率与隐性基因频率有很大差异，世界上味盲率最高值在印度，为 52.8%。北美的美国，欧洲的英国、德国、挪威等人群味盲率在 30% 左右。亚洲的尼泊尔人为 22.8%，日本人、韩国人均在 8% ~ 15%，中国人味盲率在 7.27% ~ 10.13%。黑人味盲率在 3% ~ 4%，而印第安人味盲率比较低，有的仅有 1.2%，甚至为 0。

正常尝味者的基因型为 *TT*，能尝出 1/6 144 000 ~ 1/768 000 $g \cdot mL^{-1}$ 的 PTC 溶液的苦味，即阈值范围为 11 ~ 14 号；*Tt* 基因型的人尝味能力较低，只能尝出 1/384 000 ~ 1/48 000 $g \cdot mL^{-1}$

的 PTC 溶液的苦味，即阈值范围为 7 ~ 10 号；而基因型为 *tt* 的人只能尝出 1/24 000 g · mL^{-1} 以上浓度 PTC 溶液的苦味，即阈值范围为 1 ~ 6 号。也有个别人甚至对 PTC 的结晶也尝不出苦味。

根据全班所测数据，按 Hardy–Weinberg 定律，可计算出等位基因频率（p、q）和基因型频率。若以 6 号液作为味盲和尝味者的界限，尝味阈值等于或低于 6 号液者为味盲，因而可测出味盲率。

若假定所测试的群体是一个平衡群体，其上下代之间的等位基因频率、基因型频率应保持不变。因此，依据基因频率来推算各种基因型频率的理论预期值，再与实际测定结果进行 χ^2 检验，根据 χ^2 值和自由度（$df = 1$），查表即可判定该群体是否为平衡群体（表 22–2）。

本实验要求根据所测群体的实际结果，求出基因 T 和基因 t 的频率，并计算出群体味盲率。应用统计学方法确定该群体是否为平衡群体。若为不平衡群体，分析可能的原因。

表 22–2　χ^2 检验计算表

计算项目	基因型			总数（N）
	TT	Tt	tt	
实测值（O）				
理论预期比	p^2	$2pq$	q^2	
预期值（E）	（Np^2）	（$N \cdot 2pq$）	（Nq^2）	
$\chi^2 = (O-E)^2/E$				

七、实验建议

本实验操作比较简单，测试者要采用一些技巧迷惑受试者，避免使受试者由于心理作用而影响结果的准确性。配液过程所用的烧杯、容量瓶、试剂瓶等应高压灭菌，给受试者滴药液时切记悬空加样，不要碰到受试者，避免交叉感染。

八、思考题

1. 男女在尝味能力上是否会有区别，为什么？
2. 可能对尝味能力产生影响的因素有哪些，为什么？

参考文献

1. 杜若甫 . 中国人群体遗传学 . 北京：科学出版社，2004.

2. Fox A L. The relationship between chemical constitution and taste. Proc Natl Acad Sci USA，1932，18：115–120.

3. Reed D R，Bartoshuk L M，Duffy V，*et al*. Propyhhiouracil tasting：determination of underlying threshold distributions using maximum likelihood. ChemSenses，1995，20：529–533.

4. Olson J M，Boehnke M，Neiswanger K，*et al*. Alternative genetic models for the inheritance of the phenylthiocarbamide taste deficiency. Genet Epidemiol，1989，6：423–434.

5. Morton C C，Cantor R M，Corey L A，*et al*. A genetic analysis of taste threshold for phenyl-thiocarbamide.

Acta Genet Med Gemellol，1981，30：51–57.

6. Drayna D，Coon H，Kim U K，*et al*. Genetic analysis of a complex trait in the Utah Genetic Reference Project：a major locus for PTC taste ability on chromosome 7q and a secondary locus on chromosome 16p. Hum Genet，2003，112：567–572.

7. Kim U K，Jorgenson E，Coon H，*et al*. Positional cloning of the human quantitative trait locus underlying taste sensitivity to phenylthiocarbamide. Science，2003，299：1 221–1 225.

8. Harris H，Kalmus H. The measurement of taste sensitivity to phenyhhiourea（PTC）. Ann Eugen，1949，15：24–31.

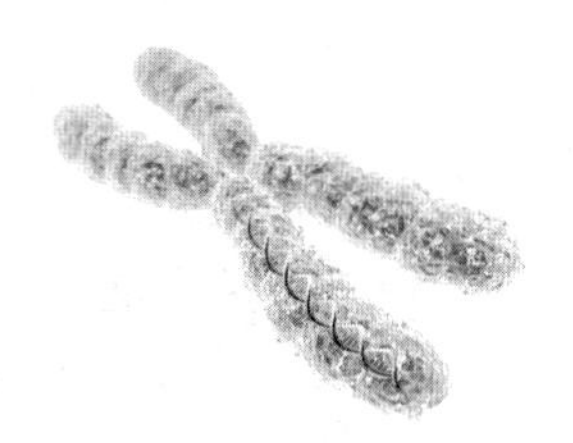

实验 23

人类遗传性状的调查与分析

一、实验原理

人类的各种性状都是由特定的基因控制的。由于每个人的遗传基础不同，某一特殊的性状在不同的人体会出现不同的表现。通过一个特定人群的某一性状的调查，将调查材料进行整理分析，可以初步了解某性状的遗传方式和控制性状基因的特性，并能计算出该基因的频率。

基因频率（gene frequency），即特定基因在种群中所占的比例。进化过程主要是基因频率发生变化的过程。基因频率是指群体中某一基因的数量，也就是等位基因的频率。群体中某一特定基因型的频率（genotypic frequency）可以从基因频率来推算。如人们熟悉的人的 MN 血型，它是由一对共显性等位基因 *M* 和 *N* 所决定，产生 3 种基因型 *M*/*M*、*M*/*N* 和 *N*/*N*，而相应的表型是 M、MN 和 N，而且比例是 1/4M、1/2MN 和 1/2N。这个原理可以推广到一般群体内婚配，如以群体中 MN 表型（基因型）的具体样本数除以所观察到的总数即可得到（转换）相对频率数。

基因型频率是群体中某特定基因型个体数占全部个体数的比率。在群体遗传学中基因型频率指在一个种群中某种基因型所占的百分比。

哈迪 – 温伯格定律（Hardy–Weinberg law）预测在特定条件下得知等位基因频率时可以计算基因型频率。哈迪 – 温伯格定律，也称“遗传平衡定律”。1908 年，英国数学家戈弗雷 · 哈罗德 · 哈迪（Godfrey Harold Hardy）最早发现并证明这一定律；1909 年，德国医生威廉 · 温伯格（Wilhelm Weinberg）也独立证明此定律，故得名。哈迪 – 温伯格定律主要用于描述群体中等位基因频率以及基因型频率之间的关系。该定律内容为：

一个无穷大的群体在理想情况下进行随机交配，经过多代，仍可保持基因频率与基因型频率处于稳定的平衡状态。

在一对等位基因的情况下，基因 p（显性）与基因 q（隐性）的基因频率的关系为：$(p+q)^2=1$，二项展开得：$p^2+2pq+q^2=1$，可见，式中“p^2”为显性纯合子的比例，$2pq$ 为杂合子的比例，“q^2”为隐性纯合子的比例。

哈迪 – 温伯格定律在多倍体等更加复杂的情况下也可应用。

假设某一位点有一对等位基因 A 和 a，A 基因在群体出现的频率为 p，a 基因在群体出现的频率为 q；基因型 AA 在群体出现的频率为 D，基因型 Aa 在群体出现的频率为 H，基因型 aa 在群体出现的频率为 R。群体（D、H、R）交配是完全随机的，则这一群体基因频率和基因型频率的关系是：

$$D=p^2 \qquad H=2pq \qquad R=q^2$$

这说明任何一物种的所有个体，只要能随机交配，基因频率很难发生变化，物种能保持相对稳定性。根据遗传平衡定律，可以对人类群体进行基因频率的分析。有报道的人类可能的单对基因遗传的部分实例见表23-1。

表23-1 常见人类性状汇总表

性状	显性	隐性
耳垂	与脸颊分离	紧贴脸颊
卷舌状	能	不能
美人尖	有	无
拇指竖起时变曲情形	拇指竖起时变曲情形	拇指第一节向指背弯曲
食指长短	较无名指长	较无名指短
双手手指嵌合	右手拇指在上	左手拇指在上
上眼睑有无皱褶	有（双眼皮）	无（单眼皮）
酒窝	有	无
多指（趾）症	六指（或趾）	五指（或趾）
白化症	正常肤色	皮肤白化，皮肤缺黑色素，眼睛畏强光
红绿色盲	正常	无法区别红绿两色
血友病	正常	缺少凝血因子，容易出血而不止
蚕豆贫血症	正常	食用蚕豆后会发病，引起溶血

二、实验目的

1. 通过人类各种性状的调查分析，了解其遗传方式、基因频率和基因型频率。
2. 了解人类性状遗传规律，掌握分析人类性状的方法。
3. 认识与学习群体和数量遗传学。

三、实验材料

本校各院系学生或某一区域人群。

四、实验器具和试剂

纸、笔、计算器等。

五、实验步骤

1. 学生在学习遗传规律后，可根据实验题目自行设计实验。
2. 进行实验前，查阅资料，学会一些遗传性状的识别方法。
3. 学生自行选择4～8组以上性状（不涉及个人隐私的性状）进行调研，注明籍贯、民族和性别等个人资料。

4. 在调查时需要特别强调被调查对象是自愿参与，可以签署一份知情同意书，且保证数据仅用于教学分析使用。

5. 统计结果，分析其遗传方式，进行基因频率和基因型频率的计算。

基因频率和基因型频率计算公式：

$$D + H = p^2 + 2pq \qquad R = q^2 \qquad p + q = 1$$

6. 根据调研数据结果写出调研分析实验报告。

六、实验结果

获得调研数据结果后，应用统计学方法对数据进行处理，见表 23-2，计算与分析各种体表性状所占比例以及在性别或某一区域人群间是否存在差异等；从人类若干体表性状中选择几个性状进行个人的家谱调查，画出家谱，写出相关调研报告。

表 23-2　数据统计及处理

性状	显性	隐性	总数	显性基因型频率（$D + H = p^2 + 2pq$）	隐性基因型频率（$R = q^2$）	$p = 1 - q$	q
耳垂							
卷舌状							
美人尖							
拇指竖起时变曲情形							
食指长短							
双手手指嵌合							
上眼睑有无皱褶							
酒窝							

七、思考题

1. 调查的某些性状间是否有相关性？导致性状相关性的原因？

2. 遗传分析的生物学内涵是什么？

参考文献

1. Stoyanov Z，Marinov M，Pashalieva I. Finger length ratio（2D：4D）in left- and right-handed males. *Int J Neurosci*，2009，119（7）：1006-1013.

2. Shaffer J R，Li J X，Lee M K，*et al*. Multiethnic GWAS reveals polygenic architecture of earlobe attachment. *Am J Hum Genet*，2017，101（6）：913-924.

实验 24

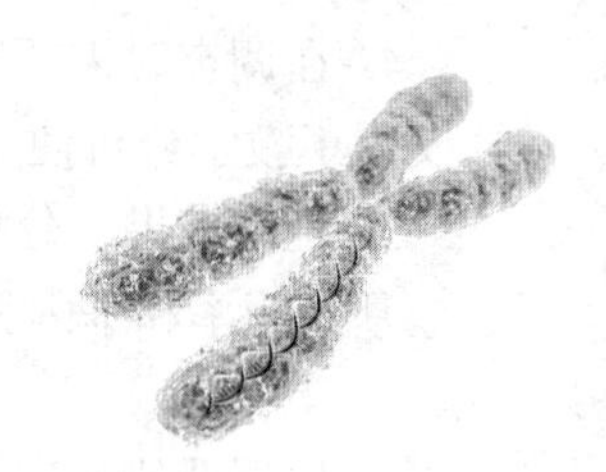

基因组 DNA 的提取

一、实验原理

双链 DNA 的化学性质是惰性且稳定的，但其物理性质却是易断裂的，尤其是高分子量的基因组 DNA。基因组 DNA 长而且弯曲，很容易受到流体剪切力的伤害。由吸液、震荡、搅拌所导致的水流形成的剪切力都很容易切断 DNA 的双链。DNA 分子越长，质量越大，断裂所需要的力越小，获得的难度也越大。

基因组 DNA 提取的过程主要包括三步：① 组织破碎和细胞裂解；② DNA 与其他细胞组分分离；③ DNA 的纯化。不同生物的组织或细胞完成上述步骤的具体方法稍有差异，但最终均是为了尽量获取完整的高浓度的基因组 DNA。

从组织或细胞中提取基因组 DNA 的大致步骤是：首先，用液氮研磨破碎动植物组织，如果只是动物细胞，则只需要破坏细胞的细胞膜。破坏动物细胞的细胞膜一般采用蛋白酶 K（proteinase K）和离子型表面活性剂［最常用的是十二烷基硫酸钠（sodium dodecyl sulfate，SDS）］共同消化，使细胞膜破裂，释放出 DNA。其中蛋白酶 K 是使膜上蛋白质变性分解，而 SDS 则主要是破坏其脂质结构。其次，进行 DNA 的纯化，在细胞消化液中，除 DNA 外还含有大量的蛋白质、RNA、多糖等生物大分子，为了去除这些杂质，一般采用酚、氯仿有机溶剂抽提，使蛋白质变性，用核酸酶分解 RNA。最后，用无水乙醇沉淀 DNA，DNA 呈絮状，干燥后用双蒸水溶解，或用 TE 缓冲液溶解。TE 缓冲液是 Tris 和 EDTA 的混合溶液，EDTA 的作用是络合镁离子等二价阳离子，防止 DNA 酶对 DNA 的降解，Tris 的作用是维持溶液中的最适 pH。最后将 DNA 于 4℃保存，也可放置 -20℃长久保存。

除此之外，需要用到的试剂还有很多：PBS 缓冲溶液的作用是利用适宜的 pH 稀释血液，便于去除血浆等；饱和酚是非常强的蛋白质变性剂，可以去除白细胞裂解物中的蛋白质，多用于初步的纯化；氯仿 / 异戊醇也有蛋白质变性的能力，但是比较弱，主要用于含酚试剂处理后的抽提，氯仿可以抽提掉水中微量的酚，以免影响后续的操作；NaAc 是 DNA 沉淀中最常用的盐，作用是降低 pH，同时创造高盐环境，中和 DNA 链上的电荷，有利于 DNA 沉淀；无水乙醇的作用是 DNA 沉淀剂，由于分离纯化后的 DNA 溶液浓度很低，沉淀可以达到浓缩 DNA 的目的；70% 乙醇的作用是洗涤沉淀中的盐类与挥发性较小的异戊醇等杂质。

基因组 DNA 的提取过程中，影响提取数量和质量的因素很多，提取方法也多种多样，针对不同的材料和不同的组织部位，都需要改进调整，才能获得较好的实验结果。本实验仅提供了一种比较普适性的可以从植物细胞、动物细胞和细菌细胞中提取基因组 DNA 的方法。提取出的基因组 DNA 可以用于开展后续的 PCR 扩增、目的基因克隆、Southern 杂交和二代测序等实验。

二、实验目的

1. 了解从动植物和细菌细胞中提取 DNA 的基本原理和要求。
2. 掌握从动植物和细菌细胞中提取高分子量 DNA 的基本操作步骤及注意事项。

三、实验材料

动植物组织、细胞，细菌细胞。

四、实验器具和试剂

1. 器具

研磨棒，研钵，恒温水浴锅，台式高速离心机，电泳仪，电泳槽，紫外检测仪，微量移液器（10 μL ~ 1 000 μL），1.5 mL Eppendorf 管，吸头，吸水纸（实验前准备 Eppendorf 管和吸头，并灭菌待用）。

2. 试剂

（1）PBS（phosphate buffer solution，磷酸缓冲液）：称取 $Na_2HPO_4 \cdot 12H_2O$ 14.5 g，$NaH_2PO_4 \cdot 2H_2O$ 1.475 g，蒸馏水溶解后定容至 1 000 mL，121℃高压灭菌待用。

（2）0.025 mol/L KCl（低渗液）：称取 KCl 1.876 g，加蒸馏水溶解后定容至 1 000 mL，121℃高压灭菌待用。

（3）1 mol/L Tris–HCl（pH 8.0）：称取 121 g Tris 溶于 800 mL 蒸馏水中，调节 pH 至 8.0，定容至 1 000 mL，121℃高压灭菌待用。

（4）1 mol/L EDTA（pH 8.0）：称取 292 g EDTA 溶于 800 mL 蒸馏水中，调节 pH 至 8.0，定容至 1 000 mL，121℃高压灭菌待用。

（5）TE（Tris + EDTA）：10 mmol/L Tris–HCl（pH 8.0），1 mmol/L EDTA（pH 8.0），可先配制 pH 8.0、浓度为 0.5 mol/L 的母液，稀释后测定并调整 pH。配好后 121℃高压灭菌待用。

（6）蛋白酶 K（10 mg/mL）：称取蛋白酶 K 10 mg，溶于 1 mL 无菌水中，–20℃保存。

（7）20% SDS：SDS 20 g 溶解于水，定容至 100 mL。

（8）3 mol/L NaAc：称取无水 NaAc 123.04 g 溶于蒸馏水中并定容至 500 mL。

（9）1 mol/L NaCl：称取 29.2 g NaCl 溶于蒸馏水中并定容至 500 mL，121℃高压灭菌待用。

（10）植物基因组 DNA 提取缓冲液：量取 10 mL 1 mol/L 的 Tris–HCl（pH 8.0），5 mL 1 mol/L EDTA（pH 8.0），50 mL 1 mol/L 的 NaCl，加入 30 mL 无菌蒸馏水，定容至 100 mL，再加入 3% PVP（polyvinylpyrrolidone，聚乙烯吡咯烷酮），摇匀待用。

（11）细菌裂解液：量取 10 mL 1 mol/L 的 Tris–HCl（pH 8.0），50 mL 1 mol/L 的 EDTA（pH 8.0），2 mL 1 mol/L NaCl，称取 10 g SDS，用蒸馏水定容至 100 mL，121℃高压灭菌待用。

（12）50 × TAE：称取 242.4 g Tris，先用 300 mL 水加热搅拌溶解后，加 57 mL 无水乙酸和 100 mL 500 mmol/L EDTA（pH 8.0），用无水乙酸调 pH 至 8.0，然后加水定容至 1 000 mL（稀释 50 倍后成为 1 × TAE）。实验前取 20 mL 稀释 50 倍后为 1 000 mL 1 × TAE 待用。

（13）琼脂糖：称取0.3 g琼脂糖，加入30 mL 1×TAE溶液，微波煮沸摇匀，冷却至60℃后加入适量核酸染料，混匀，倒入制胶槽内，插入合适大小的梳齿，冷却凝结，配成1%的琼脂糖凝胶。

（14）其他商品化试剂：RNA酶（RNase A），溶菌酶，Tris饱和酚，氯仿、异戊醇混合液（体积比为24∶1），无水乙醇，75%乙醇，70%乙醇，DNA上样缓冲液（含安全核酸染料），2% β-巯基乙醇，DNA标记（DL 15 000）。

五、实验步骤

1. 动物细胞基因组DNA的提取（以哺乳动物血液细胞为例）

哺乳动物血液经过草酸锰或柠檬酸钾的抗凝处理，再经离心后，全血呈现出三个层次，沉在最底下的是红细胞，浮在试管最上层的是血浆，中间一层是白细胞和血小板。白细胞就是提取基因组DNA所需要的实验材料。

（1）在1.5 mL的离心管中加入解冻的浓缩血300 μL。

（2）加入500 μL的PBS吹打混匀，稀释血液，10 000 r/min离心1 min。

（3）弃去上清液，再加入500 μL的PBS吹打混匀，重复上述操作两次。

（4）弃去上清液，加入800 μL 0.025 mol/L的KCl低渗液，去除红细胞。

（5）37℃，孵育20 min，使红细胞裂解后，10 000 r/min，离心1 min。

（6）弃去上清液，重复加入低渗液处理2次。

（7）除去低渗液，加入500 μL的TE，4 μL的10 mg/mL的蛋白酶K，20 μL 20%的SDS，温和吹打混匀。

（8）65℃孵育10 min，破坏白细胞膜，释放DNA。

（9）加入等体积的Tris饱和酚，温和颠倒混匀5 min，去除蛋白质。

（10）12 000 r/min，离心10 min。

（11）取上清液于新的1.5 mL离心管中，12 000 r/min，离心10 min。

（12）取上清液于新的1.5 mL离心管中，加入等体积的氯仿∶异戊醇（体积比为24∶1），混合颠倒混匀5 min，去除酚。

（13）12 000 r/min，离心10 min，取上清液于新的1.5 mL离心管中。

（14）根据上清液的体积，加入1/10体积的3 mol/L NaAc，轻轻摇匀，有利于DNA沉淀。

（15）加入2.5倍体积（-20℃）无水乙醇，轻轻摇匀，使DNA沉淀。

（16）12 000 r/min，离心10 min，可看到白色的DNA沉淀。

（17）弃去上清液，加入500 μL 70%乙醇，轻轻吹打洗涤沉淀。

（18）吸去上清液，开盖自然吹干，加入20～30 μL双蒸水或TE溶解DNA沉淀，可于65℃水浴中助溶。可加入3 μL RNaseA去除RNA。

（19）取DNA溶液5 μL，加入相应的DNA上样缓冲液，混匀，电泳检测。

（20）利用凝胶成像仪进行拍照，记录实验结果。

2. 植物细胞基因组DNA的提取

（1）在1.5 mL的离心管中加入植物基因组DNA提取缓冲液500 μL，并加入50 μL 20%的SDS和20 μL 2%的β-巯基乙醇，65℃水浴预热。

（2）取100 mg植物材料于研钵中，加入液氮，快速研磨成粉末，将粉末加入上述1.5 mL

离心管中，充分震荡混匀，65℃水浴 30 min，期间混匀 4 ~ 5 次。

（3）取出离心管后冷却，于室温静置 5 min，12 000 r/min 离心 5 min。

（4）取上清液至新的 1.5 mL 的离心管中，加入 600 μL 氯仿、异戊醇混合液（体积比为 24 ∶ 1），震荡混匀后室温静置 5 min。

（5）12 000 r/min 离心 10 min，将上清液转移至新的离心管中（如果杂质含量很高，可重复该步骤一次）。

（6）加入 500 μL 异丙醇，–20℃冷却 10 min；12 000 r/min 离心 10 min，倒掉上清液。

（7）在沉淀中加入 75% 的乙醇 750 mL，轻轻颠倒混匀，洗涤沉淀 1 min。

（8）12 000 r/min 离心 5 min，弃去上清液，此时应尽量把残余的液体吸干净，自然晾干 5 ~ 10 min。

（9）加入 20 ~ 30 μL 的双蒸水或 TE 溶解沉淀，可加入 3 μL RNase A 去除 RNA。

（10）取 DNA 溶液 5 μL，加入相应的 DNA 上样缓冲液，混匀，电泳。

（11）利用凝胶成像仪进行拍照，记录实验结果。

3. 细菌细胞基因组 DNA 的提取

从单个细菌菌落中挑取一环接种到 2 mL 含卡那霉素（Kan）的 LB 液体培养基中，37℃振荡培养过夜（约 12 h）。（可以由教师提前准备）

（1）在 1.5 mL 的离心管中加入 1 mL 新鲜菌液，10 000 r/min 离心 1 min，弃去上清液，尽可能将上清液除干净。

（2）加入 200 μL 溶菌酶（10 mg/mL），吹打悬浮菌体沉淀。

（3）加入 10 μL RNaseA 轻轻混匀，再加入 20 μL 蛋白酶 K（20 mg/mL），室温静置 1 min。

（4）然后加入 500 μL 裂解液，65℃温预 20 min。

（5）加入 300 μL Tris 饱和酚，颠倒混匀 4 ~ 5 次，再加入 300 μL 氯仿，颠倒混匀 4 ~ 5 次。

（6）10 000 r/min 离心 5 min，取上清液到新的 1.5 mL 离心管中。

（7）加入 300 μL 氯仿，颠倒混匀 4 ~ 5 次，10 000 r/min 离心 5 min，取上清液于新的 1.5 mL 离心管中。

（8）加入 1 mL 无水乙醇，–20℃中沉淀 20 min。

（9）10 000 r/min 离心 15 min，弃去上清液，加入 1 mL 75% 的乙醇洗涤沉淀。

（10）10 000 r/min 离心 5 min，弃去上清液，此时尽量把液体去除干净，在室温下自然晾干 10 ~ 20 min。

（11）加入 20 ~ 30 μL 双蒸水或 TE 溶液溶解沉淀，可加入 3 μL RNase A 去除 RNA。

（12）取 DNA 溶液 5 μL，加入相应的 DNA 上样缓冲液，混匀，电泳。

（13）利用凝胶成像仪进行拍照，记录实验结果。

六、实验结果

琼脂糖凝胶分离大分子 DNA 实验条件的研究结果表明，在低浓度、低电压下分离效果较好。实验结果如图 24–1 所示。

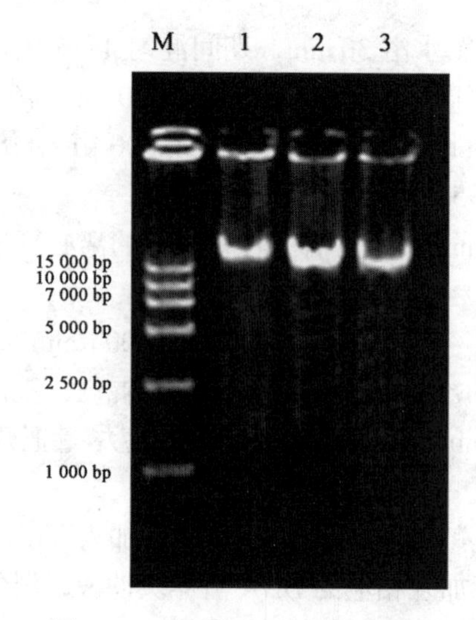

图 24-1 基因组 DNA 电泳结果

M：DL15 000 DNA 标记；1，2，3：不同的基因组 DNA 样品

七、思考题

1. 实验中抽提基因组 DNA 用到的 EDTA 和 SDS 的作用分别是什么?
2. 基因组 DNA 抽提中为什么还可以抽提出 RNA? 实验中采取什么方法可去除 RNA?

参考文献

1. Amaini J，Kazemi R，Abbasi A R，*et al*. A simple and rapid leaf genomic DNA extraction method for polymerase chain reaction analysis . Iranian J Biotech，2011，9（1）：69–71.

2. Zhao X M，Duszynski D W，Loker E S. A simple method of DNA extraction for *Eimeria epecies*. J microbiol meth，2021，44（2）：131–137.

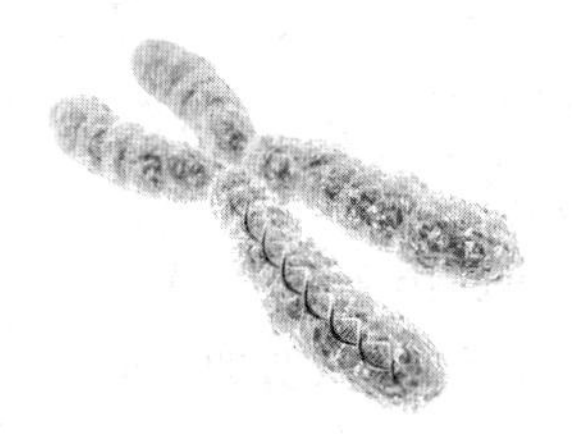

实验 25

目的基因的 PCR 扩增

一、实验原理

聚合酶链反应（polymerase chain reaction，PCR）是 20 世纪 80 年代中期发展起来的体外核酸扩增技术。此反应类似于 DNA 的天然复制过程，其特异性依赖于与靶序列两端互补的寡核苷酸引物。PCR 能在一个试管内将所要研究的目的基因或某一 DNA 片段于数小时内扩增至十万乃至百万倍，使肉眼能直接观察和判断，其原理如图 25–1 所示。一根毛发、一滴血甚至一个细胞中可扩增出足量的 DNA 供分析研究和检测鉴定。PCR 技术是生物医学领域中的一项革命性创举和里程碑。

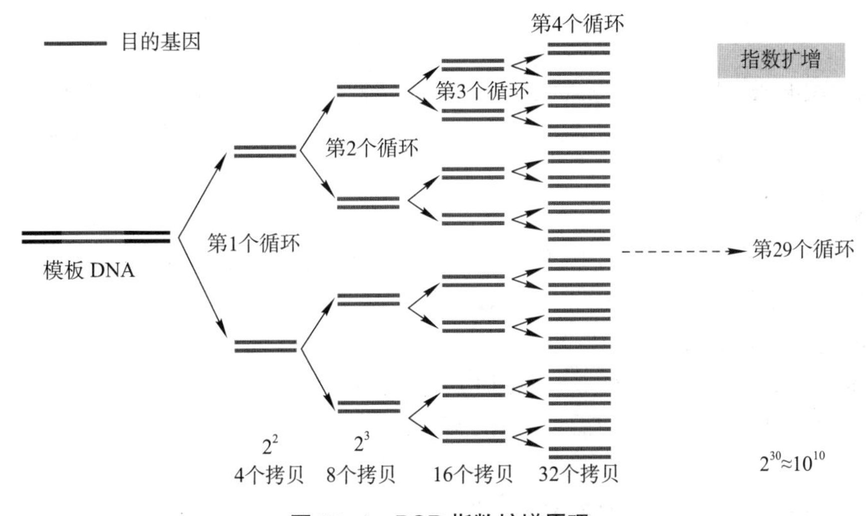

图 25–1　PCR 指数扩增原理

PCR 由变性 – 退火 – 延伸三个基本反应步骤构成：

（1）模板 DNA 的变性：经加热至 93℃左右一定时间后，模板 DNA 双链或经 PCR 扩增形成的双链 DNA 解离，成为单链，以便它与引物结合，为下轮反应做准备。

（2）模板 DNA 与引物的退火（复性）：模板 DNA 经加热变性成单链后，温度降至 55℃左右，引物与模板 DNA 单链的互补序列配对结合。

（3）引物的延伸："DNA 模板 – 引物"结合物在 *Taq* DNA 聚合酶的作用下，以 dNTP 为原料，以靶序列为模板，按碱基配对原则，合成一条新的与模板 DNA 链互补的复制链。重复循环变性－退火－延伸三过程，就可获得更多的“半保留复制链”，而且这种新链又可成为下次循环的模板。每完成一个循环需 2 ~ 4 min，2 ~ 3 h 就能将待扩目的基因扩增放大几百万倍。到达平台期所需循环次数取决于样品中模板的拷贝。

PCR 的三个反应步骤反复进行，使 DNA 扩增量呈指数上升。反应初期，靶序列 DNA 片段的增加呈指数形式，随着 PCR 产物的逐渐积累，被扩增的 DNA 片段不再呈指数增加，而进入线性增长期或静止期，即出现“停滞效应”，这种效应称平台期数。PCR 扩增效率受 DNA 聚合酶、PCR 的种类和活性及非特异性产物的竞争等因素的影响。大多数情况下，平台期的到来是不可避免的。（PCR 扩增原理及应用详见网上资源“视频 25-1”）

本实验通过 PCR 检测 *EGFP* 基因是否存在于质粒 pEGFP-C1 的 DNA 中，从而检测阳性克隆的正确性。

二、实验目的

1. 掌握 DNA 体外核酸扩增技术的基本原理。
2. 学习应用 PCR 技术特异扩增目的片段及电泳检测的方法。

三、实验材料

质粒 pEGFP-C1

四、实验器具和试剂

1. 用具

台式高速离心机，PCR 仪，电泳仪，电泳槽，紫外检测仪，微量移液器（0.5 μL ~ 20 μL），吸头，量筒 1 个 / 班，0.2 mL Eppendorf 管 1 个 / 组，配胶瓶 1 个 / 桌（实验前准备吸头和 Eppendorf 管，并灭好菌待用）。

2. 试剂

（1）10 × PCR 反应缓冲液（10 × PCR buffer）：500 mmol/L KCl，100 mmol/L Tris · HCl，在 25℃下，pH 9.0，1.0% Triton X-100。（5 μL/ 组）

（2）$MgCl_2$：25 mmol/L。（4 μL/ 组）

（3）4 种 dNTP 混合物：每种 2.5 mmol/L。（4 μL/ 组）

（4）*Taq* DNA 聚合酶：5 U/μL。（0.5 μL/ 组）

（5）引物序列：

引物 F：5′-AGCAAGGGCGAGGAGCTGTT-3′;

引物 R：5′-ATGTGATCGCGCTTCTCGT-3′

（6）其他试剂：1% 琼脂糖，1 × TAE。

五、实验说明

1. PCR 反应中的主要成分

（1）引物：PCR 反应产物的特异性由一对上下游引物所决定。引物设计的好坏往往是 PCR 成败的关键。引物设计和选择目的 DNA 序列区域时可遵循的原则见本书附录Ⅵ。一般 PCR 反应中的引物终浓度为 0.2 ~ 1.0 μmol/L。引物过多会产生错误引导或产生引物二聚体，引物浓度过低则降低产量。

（2）4 种三磷酸脱氧核苷酸（dNTP）：一般反应中每种 dNTP 的终浓度为 20 ~ 200 μmol/L。当 dNTP 终浓度大于 50 mmol/L 时可抑制 *Taq* DNA 聚合酶的活性。4 种 dNTP 的浓度应该相等，以减少合成中由于某种 dNTP 的不足出现的错误掺入。

（3）Mg^{2+}：Mg^{2+} 浓度对 *Taq* DNA 聚合酶影响很大，它可影响酶的活性和真实性，影响引物退火和解链温度，影响产物的特异性以及引物二聚体的形成等。通常 Mg^{2+} 浓度为 0.5 ~ 2 mmol/L。对于一种新的 PCR 反应，可以用 0.1 ~ 5 mmol/L 的递增浓度的 Mg^{2+} 进行预备实验，选出最适的 Mg^{2+} 浓度。在 PCR 反应混合物中，应尽量减少有高浓度的带负电荷的基团，例如磷酸基团或 EDTA 等可能影响 Mg^{2+} 浓度的物质，以保证最适 Mg^{2+} 浓度。

（4）模板：PCR 反应必须以 DNA 为模板进行扩增，模板 DNA 可以是单链分子，也可以是双链分子，可以是线状分子，也可以是环状分子（线状分子比环状分子的扩增效果稍好）。就模板 DNA 而言，影响 PCR 的主要因素是模板的数量和纯度。一般反应中的模板数量为 10^2 ~ 10^5 个拷贝，模板量过多则可能增加非特异性产物 DNA 中的杂质，也会影响 PCR 的效率。

（5）*Taq* DNA 聚合酶：一般 *Taq* DNA 聚合酶活性半衰期为：92.5℃时 130 min，95℃时 40 min，97℃时 5 min。*Taq* DNA 聚合酶的酶活性单位定义为 74℃下，30 min，掺入 10 nmol/L dNTP 到核酸中所需的酶量。*Taq* DNA 聚合酶的一个致命弱点是它的出错率，一般 PCR 中出错率为 2×10^{-4} 核苷酸 / 循环，在利用 PCR 克隆和进行序列分析时尤应注意。在 100 μL PCR 反应中，1.5 ~ 2 单位的 *Taq* DNA 聚合酶就足以进行 30 轮循环。所用的酶量可根据 DNA、引物及其他因素的变化进行适当的增减。酶量过多会使产物非特异性增加，过少则使产量降低。

6. 反应缓冲液：各种 *Taq* DNA 聚合酶都有特定的缓冲液。

2. PCR 反应参数

（1）变性：第一轮循环前，在 94℃下变性 1 ~ 2 min 非常重要，它可使模板 DNA 完全解链，然后加入 *Taq* DNA 聚合酶，这样可减少聚合酶在低温下仍有活性从而延伸非特异性配对的引物与模板复合物所造成的错误。变性不完全，往往使 PCR 失败，因为未变性完全的 DNA 双链会很快复性，减少 DNA 产量。一般变性温度与时间为 94℃、1 min。在变性温度下，双链 DNA 解链只需几秒钟即可完全，所耗时间主要是为使反应体系完全达到适当的温度。对于富含 GC 的序列，可适当提高变性温度。但变性温度过高或时间过长都会导致酶活性的损失。

（2）退火：引物退火的温度和所需时间的长短取决于引物的碱基组成，引物的长度、引物与模板的配对程度以及引物的浓度。实际使用的退火温度比扩增引物的 T_m 约低 5℃。一般当引物中 GC 含量高，长度长并与模板完全配对时，应提高退火温度。退火温度越高，所得产物的特异性越高。有些反应甚至可将退火与延伸两步合并，只用两种温度（例如用 67℃和 94℃）完成整个扩增循环，既省时间又提高了特异性。退火一般仅需数秒钟即可完成，反应中所需时间主要是为使整个反应体系达到合适的温度。通常退火温度和时间为 47℃ ~ 65℃、30 s ~ 2 min。

（3）延伸：延伸反应通常为 72℃，接近于 *Taq* DNA 聚合酶的最适反应温度 75℃。实际上，引物延伸在退火时即已开始，因为 *Taq* DNA 聚合酶的作用温度为 20℃ ~ 85℃。延伸反应时间的长短取决于目的序列的长度和浓度。在一般反应体系中，*Taq* DNA 聚合酶每分钟约可合成2 kb的DNA。延伸时间过长会导致产物非特异性增加。但对很低浓度的目的序列，则可适当增加延伸反应的时间。一般在扩增反应完成后，都需要一步较长时间（10 ~ 30 min）的延伸反应，以获得尽可能完整的产物，这对以后进行克隆或测序反应尤为重要。

（4）循环次数：当其他参数确定之后，循环次数主要取决于DNA浓度。一般而言25 ~ 30轮循环已经足够。循环次数过多，会使PCR产物中非特异性产物大量增加。

扩增产物的量还与扩增效率有关，在扩增后期，由于产物积累，使原来呈指数扩增的反应变成平坦的曲线，产物不再随循环数而明显上升，这称为平台效应。平台期会使原先由于错配而产生的低浓度非特异性产物继续大量扩增，达到较高水平。因此，应适当调节循环次数，在平台期前结束反应，减少非特异性产物。

六、实验步骤

一、PCR反应

1. 配制PCR体系（50 μL体系），依次加入下列试剂并吹打混匀

试剂	体积
无菌双蒸水	35 μL
10 × PCR缓冲液	5 μL
25 mmol/L $MgCl_2$	4 μL
4种dNTP混合物（10 mmol/L）	4 μL
上游引物（引物F，10 μmol/L）	0.5 μL
下游引物（引物R，10 μmol/L）	0.5 μL
模板DNA（约1 ng）	0.5 μL
Taq DNA聚合酶	0.5 μL

2. PCR反应条件

94℃预变性1 min，（94℃变性30 s，58℃退火30 s，72℃延伸1 min）循环30轮，进行PCR。最后一轮循环结束后，于72℃延伸8 min，使反应产物扩增充分。反应结束。

二、电泳

取10 μL PCR扩增产物用1% 琼脂糖凝胶电泳检测，并分析结果。

七、实验结果

PCR程序运行结束后，电泳检测，可见一段650 bp的DNA条带，实验结果如图25–2。

八、PCR常见问题总结

1. 假阴性，不出现扩增条带

PCR反应的关键环节有：①模板核酸的制备；②引物的质量与特异性；③酶的质量及活性；④ PCR循环条件。寻找原因亦应针对上述环节进行分析研究。

（1）模板：①模板中含有杂蛋白质；②模板中含有 *Taq* 酶抑制剂；③模板中蛋白质没有消化除净，特别是染色体中的组蛋白；④在提取制备模板时丢失过多，或吸入酚；⑤模板核酸变性不彻底。在酶和引物质量好时，不出现扩增带，极有可能是标本的消化处理、模板核酸提取过程出了问题，因此要配制有效而稳定的消化处理液，其程序亦应固定不宜随意更改。

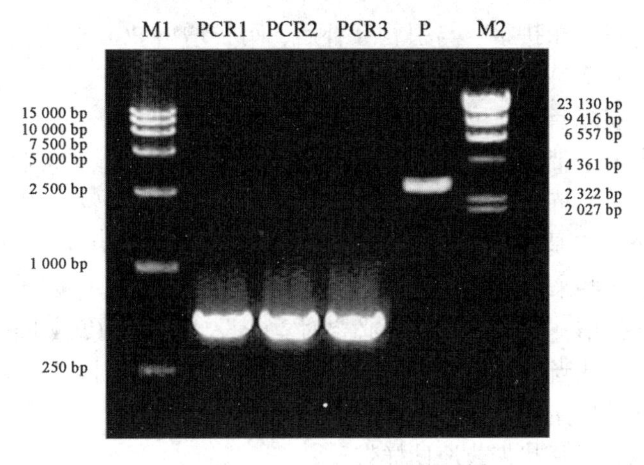

图 25–2　电泳结果

M1：DL15 000 DNA 标记；PCR1、2、3：三个 PCR 结果；P：质粒对照；M2：λ *Hin*d Ⅲ DNA 标记。

（2）引物：引物质量、引物的浓度、两条引物的浓度是否对称，是 PCR 失败或扩增条带不理想、容易弥散的常见原因。有些批号的引物合成质量有问题，两条引物一条浓度高，一条浓度低，造成低效率的不对称扩增。引物设计不合理，如引物长度不够，引物之间会形成二聚体等也容易造成扩增效率低等问题。

（3）酶失活：需换用新酶，或新旧两种酶同时使用，以分析是否因酶的活性丧失或不够而导致假阴性。需注意的是，有时忘加 *Taq* 酶或 DNA 染料。

（4）Mg^{2+} 浓度：Mg^{2+} 浓度对 PCR 扩增效率影响很大，浓度过高可降低 PCR 扩增的特异性，浓度过低则影响 PCR 扩增产量甚至使 PCR 扩增失败而不扩增出条带。

（5）反应体积的改变：通常进行 PCR 扩增采用的体积为 20 μL、30 μL、50 μL 或 100 μL，应用多大体积进行 PCR 扩增，是根据科研和临床检测不同目的而设定，在做小体积（如 20 μL）后，再做大体积时，一定要摸索条件，否则容易失败。

（6）物理原因：变性对 PCR 扩增来说相当重要，如变性温度低，变性时间短，极有可能出现假阴性；退火温度过低，可致非特异性扩增而降低特异性扩增效率退火温度过高影响引物与模板的结合而降低 PCR 扩增效率。这些也是 PCR 失败的原因之一。

（7）靶序列变异：如靶序列发生突变或缺失，影响引物与模板特异性结合，或因靶序列某段缺失使引物与模板失去互补序列，其 PCR 扩增是不会成功的。

2. 假阳性，出现的 PCR 扩增条带与目的靶序列条带一致，有时其条带更整齐，亮度更高

（1）引物设计不合适：选择的扩增序列与非目的扩增序列有同源性，因而在进行 PCR 扩增时，扩增出的 PCR 产物为非目的性的序列。靶序列太短或引物太短，容易出现假阳性，需重新设计引物。

（2）靶序列或扩增产物的交叉污染：这种污染有两种原因，一是整个基因组或大片段的交叉污染，导致假阳性。这种假阳性可用以下方法解决：①操作时应小心轻柔，防止将靶序列吸入加样器内或溅出离心管外。②除酶及不能耐高温的物质外，所有试剂或器材均应高压灭菌。所用离心管及加样吸头等均应一次性使用。③必要时，在加标本前，反应管和试剂用紫外线照射，以破坏存在的核酸。二是空气中的小片段核酸污染，这些小片段比靶序列短，

但有一定的同源性，可互相拼接，与引物互补后，可扩增出 PCR 产物而导致假阳性的产生，可用巢式 PCR 方法来减轻或消除。

3. 出现非特异性扩增条带

PCR 扩增后出现的条带与预计的大小不一致，或大或小，或者同时出现特异性扩增条带与非特异性扩增条带。非特异性条带的出现，其原因有：一是引物与靶序列不完全互补，或引物聚合形成二聚体。二是 Mg^{2+} 浓度过高、退火温度过低，及 PCR 循环次数过多有关。三是酶的质和量，往往一些来源的酶易出现非特异条带而另一来源的酶则不出现，酶量过多有时也会出现非特异性扩增。其对策有：①必要时重新设计引物。②减低酶量或换用另一来源的酶。③降低引物量，适当增加模板量，减少循环次数。④适当提高退火温度或采用二温度点法（93℃变性，65℃左右退火与延伸）。

4. 有时出现涂抹带或片状带或地毯样带

往往是由于酶量过多或酶的质量差，dNTP 浓度过高，Mg^{2+} 浓度过高，退火温度过低，循环次数过多引起。对策有：①减少酶量，或调换另一来源的酶。②减少 dNTP 的浓度。③适当降低 Mg^{2+} 浓度。④增加模板量，减少循环次数。

九、思考题

1. 如果质粒 DNA 的模板量大大过量，会出现什么样的结果？为什么？
2. 要提高 PCR 的特异性，需要改变的是什么条件？为什么？

参考文献

Erlich H A，Gelfand D，Sninsky J J. Recent Advances in the polymerase chain reaction. *Science*，1991，252（5013）：1643–1651.

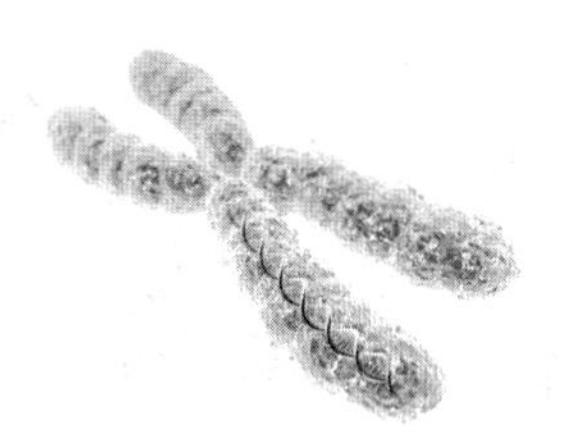

实验 26

质粒 DNA 的扩增与提取

一、实验原理

质粒是一种双链共价闭合的环状 DNA，是染色体以外能稳定遗传的因子。质粒在细菌细胞内的复制，可分为两种类型——严密控制复制型和松弛控制复制型。严密型质粒的复制与染色体的复制受到相同因素的控制，即染色体不复制时质粒也不复制，一个细胞中的严密型质粒数仅为 1 ~ 2 个。松弛型质粒在整个细胞周期中随时可以复制，即使染色体复制已经停止，该质粒仍然能继续复制，这种质粒在细胞内的拷贝数可达数十至数千。

质粒 DNA 的抽提是基因工程操作中最常用、最基本的技术。质粒抽提的方法很多，目前常用的有碱变性抽提法、羟基磷灰石柱层析法、质粒 DNA 释放法、酸酚法、两相法以及溴化乙锭 - 氯化铯密度梯度离心法。以上方法的选择可依据分子大小不同、碱基组成的差异以及质粒 DNA 的超螺旋共价闭合环状结构的特点来进行。本实验选择碱变性法，既经济且得率较高，提取到的质粒 DNA 可用于酶切、连接和转化。

碱变性抽提质粒 DNA，是基于染色体 DNA 与质粒 DNA 的变性与复性的差异而达到分离的目的。在 pH 高达 12.6 的碱性条件下，染色体 DNA 的氢键断裂，双螺旋结构解开并变性。质粒 DNA 的大部分氢键也断裂，但超螺旋共价闭合环状的两条互补链不会完全分离，当以 pH 4.8 的乙酸钾（KAc）高盐缓冲液调节 pH 至中性时，变性的质粒 DNA 又恢复原来的构型，存在于溶液中，而染色体 DNA 不能复性而形成缠连的网状结构，通过离心，染色体 DNA 与不稳定的大分子 RNA、蛋白质 -SDS 复合物等一起沉淀下来而被除去。

本实验用 pEGFP-N1 质粒，该载体序列的登录号为 U55762，全长 4.7 kb，带有卡那霉素抗性基因，可作为选择标记。

二、实验目的

1. 了解质粒 DNA 抽提的基本原理。
2. 掌握质粒 DNA 抽提的基本操作步骤。

三、实验材料

DH5α（pEGFP-N1）：带有质粒 pEGFP-N1 的大肠杆菌 DH5α。

四、实验器具和试剂

1. 用具

恒温振荡培养箱，台式高速离心机，旋涡混合器，电泳仪，电泳槽，紫外检测仪，移液枪（20 μL ~ 1 000 μL），接种环，三角烧瓶，移液器，1.5 mL Eppendorf管，吸头，封口膜，吸水纸。（实验前准备Eppendorf管和吸头，并灭好菌待用）

2. 试剂

（1）含卡那霉素的LB液体培养基：称取酵母抽提物5 g，蛋白胨（tryptone）10 g，NaCl 5 g，充分溶解于800 mL蒸馏水中，用1 mol/L的NaOH调节pH至7.0 ~ 7.2，定容到1 000 mL，121℃高压灭菌。待培养液稍凉后，使用之前加入卡那霉素（终浓度50 mg/L）。

（2）含卡那霉素的LB固体培养基：LB液体培养基中加入20 g/L琼脂，121℃高压灭菌。待培养基稍凉后加入卡那霉素（终浓度50 mg/L）。

（3）卡那霉素溶液（50 mg/mL）：称取卡那霉素50 mg，溶于1 mL无菌蒸馏水中。

（4）溶液Ⅰ：称取9 g葡萄糖，3.36 g EDTA，3.03 g Tris，充分溶解于800 mL无菌双蒸水中，用14 mol/L的HCl调节pH至8.0，定容至1 000 mL。

（5）溶液Ⅱ：称取8 g NaOH，10 g SDS，充分溶解于800 mL无菌双蒸水中，定容至1 000 mL。

（6）溶液Ⅲ：称取49 g乙酸钾，溶于60 mL无菌双蒸水中，定容至100 mL，配制成5 mol/L的乙酸钾溶液。量取60 mL 5 mol/L的乙酸钾，加入11.5 mL无水乙酸调节pH至4.8，补充无菌双蒸水28.5 mL至100 mL。

（7）70%乙醇：700 mL无水乙醇中加入300 mL无菌双蒸水。

（8）50×TAE：Tris碱242 g加双蒸水600 mL充分溶解，加无水乙酸57.1 mL，0.5 mol/L EDTA（pH 8.0）100 mL，定容至1 L。使用前用双蒸水稀释50倍至工作浓度。

（9）琼脂糖凝胶：按体积分数将合适质量的琼脂糖溶解到1×TAE溶液中（例如，1 g琼脂糖加入到100 mL TAE中得到1%的胶），微波煮沸摇匀，倒入制胶槽内，插入合适大小的梳齿，冷却凝结。

（10）其他商品化试剂：饱和酚，氯仿，异戊醇，无水乙醇，DNA上样缓冲液（含安全核酸染料），DNA标记。

五、实验步骤

从单个细菌菌落中挑取一环接种到4 mL含卡那霉素的LB液体培养基中，37℃振荡培养过夜（约16 h，可由教师提前准备）。

1. 方法一　碱裂解法

（1）将1.5 mL培养液吸入Eppendorf管中，5 000 r/min离心1 min，弃上清液液，再加1.5 mL培养液，5 000 r/min离心1 min。

（2）弃上清液，尽可能使细菌沉淀物干燥一些。

（3）向细菌沉淀物中加入提前冰浴的溶液Ⅰ 100 μL，在旋涡混合器上振荡均匀，然后室温下放置5 min。

（4）加200 μL新鲜的溶液Ⅱ，盖上管口，并迅速温和颠倒混匀Eppendorf管2 ~ 3次，然后将 Eppendorf 管放置在冰上 5 min。

（5）加 150 μL 溶液Ⅲ，盖上管口，并以温和颠倒混匀 10 s，在冰上放置 5 min。

（6）12 000 r/min 离心 5 min。

（7）取上清液，加等体积饱和酚（吸取饱和酚时，吸下层，上层为水相，吸取时注意安全，苯酚对皮肤有强烈的腐蚀性），温和振荡。

（8）12 000 r/min 离心 5 min。

（9）取上清液，加等体积氯仿、异戊醇混合液（体积比为 24∶1）（注意安全，不要沾到皮肤上），温和振荡。

（10）12 000 r/min 离心 5 min。

（11）取上清液，加 2 倍体积的无水乙醇（–20℃预冷），室温下放置 2 min。

（12）12 000 r/min 离心 5 min。

（13）弃上清液，用吸水纸吸尽余滴。

（14）加 1 mL 70% 乙醇，稍稍颠倒混合洗涤。

（15）12 000 r/min 离心 5 min。

（16）弃上清液，用吸水纸吸尽余滴，自然干燥或 55℃烘干。

（17）沉淀物中加入 20 μL 无菌双蒸水溶解，可于 65℃水浴中助溶。

（18）取沉淀溶解液 5 μL，加入相应的 DNA 上样缓冲液，混匀，电泳。

（19）利用凝胶成像仪进行拍照，记录实验结果。

2. 方法二 试剂盒抽提法（以质粒抽提试剂盒为例，试剂盒说明书见网上资源“延伸阅读 26–1”）

（1）柱平衡：向吸附柱 CP3 中加入 500 μL 的平衡液 BL，12 000 r/min 离心 1 min，倒掉收集管中的废液，将吸附柱重新放回收集管中。

（2）取 1.5 mL 菌培养液，加入 Eppendorf 管中，12 000 r/min 离心 1 min，弃上清液，再加 1.5 mL 培养液，12 000 r/min 离心 1 min，去除上清液。

（3）向留有菌体沉淀的离心管中加入 250 μL 溶液 P1（教师可以提前加入 RNase A），使用移液器彻底悬浮细菌沉淀。

（4）向离心管中加入 250 μL 溶液 P2，温和上下翻转 6 ~ 8 次，使菌体充分裂解。

（5）向离心管中加入 350 μL 溶液 P3，立即温和上下翻转 6 ~ 8 次，充分混匀，12 000 r/min 离心 10 min。

（6）将上清液小心地转移到吸附柱 CP3 中（教师可以提前将吸附柱放入收集管中分发给学生），注意尽量不要吸出沉淀。12 000 r/min 离心 60 s，倒掉收集管中的废液，将吸附柱 CP3 放入收集管中。

（7）向吸附柱 CP3 中加入 600 μL 漂洗液 PW（教师可以提前加入无水乙醇），12 000 r/min 离心 60 s，倒掉收集管中的废液，将吸附柱 CP3 放入收集管中。

（8）重复操作步骤（7）。

（9）将吸附柱 CP3 放入收集管中，12 000 r/min 离心 2 min，目的是将吸附柱中残余的漂洗液去除。

（10）将吸附柱 CP3 置于一个干净的离心管中，向吸附膜的中间部位滴加 50 μL 洗脱缓冲液 EB，室温放置 2 min，12 000 r/min 离心 2 min，将质粒溶液收集到离心管中。

（11）取收集液1 μL，加入相应的DNA上样缓冲液，混匀，电泳。

（12）利用凝胶成像仪进行拍照，记录实验结果。

六、实验结果

琼脂糖凝胶分离大分子DNA实验条件的研究结果表明，在低浓度、低电压下分离效果较好。不同构型DNA的移动速率次序为：共价闭环DNA（cccDNA）> 线型DNA> 开环的双链环状DNA。

实验结果如图26–1所示。

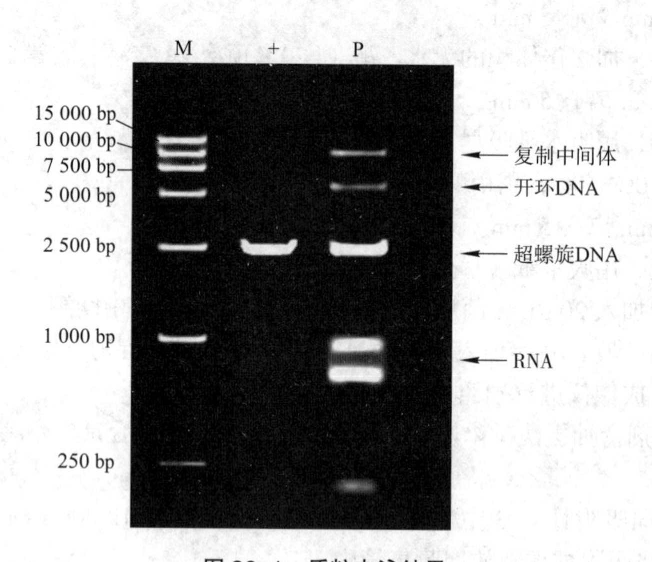

图26–1　质粒电泳结果

M：DL 15 000 DNA标记；+：阳性质粒对照；P：用实验中的方法抽提得到的质粒电泳结果

七、思考题

1. 实验中碱裂解法抽提使用的溶液Ⅰ、Ⅱ和Ⅲ的作用分别是什么？试剂盒抽提方法中对应的分别是哪三种溶液？

2. 碱裂解法抽提为什么还可以抽提出RNA？如何去除？

参考文献

1. 吴乃虎. 基因工程原理（上册）.2版. 北京：科学出版社，1999：196–198.

2. Birnboim H C，Doly J. A rapid alkaline extraction procedure for screening recombinant plasmid DNA. Nucleic Acids Res，1979，7（6）：1513–1523.

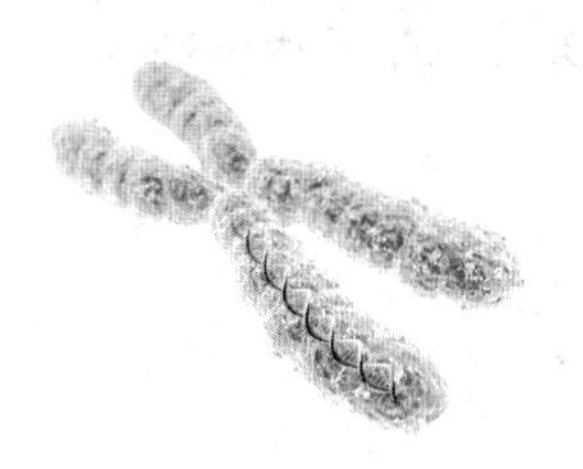

实验 27

DNA 的纯化与鉴定

一、实验原理

1. 电泳基本原理

实验中采用的是琼脂糖凝胶作为介质进行 DNA 片段的分离电泳。电泳是指带电颗粒在电场作用下，向着与其电极相反的方向移动的现象。琼脂糖（agarose）是从琼脂（agar）中提取的一种多糖，具亲水性，但不带电荷，是一种很好的电泳支持物。DNA 分子在琼脂糖凝胶中时有电荷效应和分子筛效应。DNA 分子在高于等电点的溶液中带负电荷，在电场中向正极移动。

琼脂糖凝胶电泳对核酸的分离作用主要是依据相对分子量质量及分子构型，同时与凝胶的浓度也有密切关系。在凝胶中，DNA 片段迁移距离（迁移率）与碱基对的对数成反比，因此通过已知大小的标准物移动的距离与未知片段的移动距离时进行比较，就可测出未知片段的大小。但是当 DNA 分子大小超过 20 kb 时，普通琼脂糖凝胶就很难将它们分开。此时电泳的迁移率不再依赖于分子大小，因此，用琼脂糖凝胶电泳分离 DNA 时，分子大小不宜超过此值。

电泳中使用的是 TAE 缓冲液，主要成分是 Tris 碱、冰乙酸和 EDTA（防止电泳过程中 DNA 酶的作用），用于维持合适 pH 及溶液导电性。为了 DNA 电泳条带的检测，在胶中添加了荧光染料，它可以与 DNA 结合，使 DNA 在紫外灯的照射下肉眼可见。

在电泳上样时，还需在样品中加入上样液，里面除含有 EDTA 外，还有蔗糖成分（用于增加样品比重，防止样品在加样孔中扩散）和溴酚蓝（用于迁移指示剂）。

2. DNA 回收试剂盒基本原理

实验中使用的是公司生产的 DNA 回收试剂盒，即对 DNA 片段进行琼脂糖凝胶电泳进行分离后，从胶中将特异的 DAN 片段回收，以利于开展后续实验。回收的原理是，将含有 DNA 片段的凝胶在高盐溶液中充分溶解后，利用在一定浓度的高盐缓冲体系下，回收柱中特殊的材质硅基质可以专一性吸附 DNA 和 RNA，再用乙醇溶液冲洗回收柱，去除杂质；然后再在低浓度盐溶液条件下，将 DNA 或 RNA 洗脱，进行回收。实验操作方便快速，而且高效、安全。回收后的 DNA 可用于如酶切、PCR、测序、文库筛选、连接转化等后续实验操作。

二、实验目的

1. 掌握配制琼脂糖凝胶及电泳的基本操作。

2. 初步了解 DNA 回收的基本原理，掌握从琼脂糖凝胶中分割目的 DNA 条带及用试剂盒进行 DNA 回收的基本操作。

三、实验材料

质粒的双酶切产物，或者 PCR 产物。

四、实验器具和试剂

1. 器具

电子天平、温控水浴锅，台式高速离心机，电泳仪，电泳槽，紫外检测仪，微量移液器，吸头，量筒，1.5 mL Eppendorf 管，0.5 mL Eppendorf 管，配胶三角烧瓶，割胶刀。

2. 试剂

（1）50×TAE：先准确称取 242.4 g Tris，用 300 mL 水加热搅拌溶解后，加入 57 mL 无水乙酸和 100 mL 500 mmol EDTA（pH 8.0），用无水乙酸调 pH 至 8.0，然后加水定容至 1 000 mL。实验前取 20 mL 稀释 50 倍后为 1 000 mL 1×TAE 待用。

（2）其他试剂：琼脂糖，10× 上样缓冲液，DNA 标记，核酸染料（GelRed）。

（3）普通琼脂糖凝胶 DNA 回收试剂盒。

五、实验步骤

一、琼脂糖凝胶电泳（具体操作见网上资源“视频 27-1”）

1. 制胶：配制 1% 琼脂糖凝胶

（1）称取 0.3 g 琼脂糖于专用配胶三角烧瓶中，加入 30 mL 1×TAE 缓冲液。

（2）用微波炉反复加热 2 min 左右，直至琼脂糖完全融解至无颗粒均匀透明状态。

（3）冷却至 60℃左右，加入核酸染料，摇匀。

（4）将凝胶倒入准备好的小胶槽（已插好梳子，并封好梳孔，选用大齿的梳子）中，待其凝固，避免在凝胶中产生气泡。

（5）待凝胶凝固后，双手垂直拔出梳子。

（6）将制备好的琼脂糖凝胶放入电泳槽中，倒入适量 1×TAE 缓冲液，直至没过胶面。

2. 上样

（1）用微量移液器取约 8 μL 的 DNA 标记溶液，小心缓慢而匀速地加入琼脂糖凝胶的梳孔中，避免产生气泡。

（2）40 μL 的质粒酶切产物或者 PCR 产物加入 4 μL 的 10× 上样缓冲液，混匀后，小心缓慢而匀速地加入琼脂糖凝胶的梳孔中，避免产生气泡。

3. 电泳

（1）打开电泳仪，将电泳槽上的电源线按照正负极接入电泳仪。

（2）调节电压至 120 V，按照 DNA 由负极往正极迁移开始电泳。

（3）直至溴酚蓝指示剂跑到约凝胶的 1/3 ~ 1/2 处，停止电泳。

二、割胶回收

1. 割胶

（1）提前称量两个 1.5 mL 空 Eppendorf 管，并做好标记。

（2）一组两位同学配合，一人负责拿手提式紫外灯，一人负责割胶。或直接在割胶仪上操作。

（3）在紫外灯下，观察 DNA 条带。质粒双酶切结果正确的是有一个 DNA 大片段，一个 DNA 小片段，与 DNA 标记相比较，验证其大小是否正确。

（4）选择正确的 DNA 片段，用刀片沿单一的 DNA 片段边缘进行割胶，切割形状呈“井”字（图 27–1）。

（5）将包含有目的 DNA 的凝胶胶块切离后，挑出胶块，将没有 DNA 的纵切面多余部分亦切去（即使有用胶厚度也变小）。

（6）将切离的含有目的 DNA 的胶块放入称量好的空 Eppendorf 管中，再称量一次，计算出凝胶的重量。

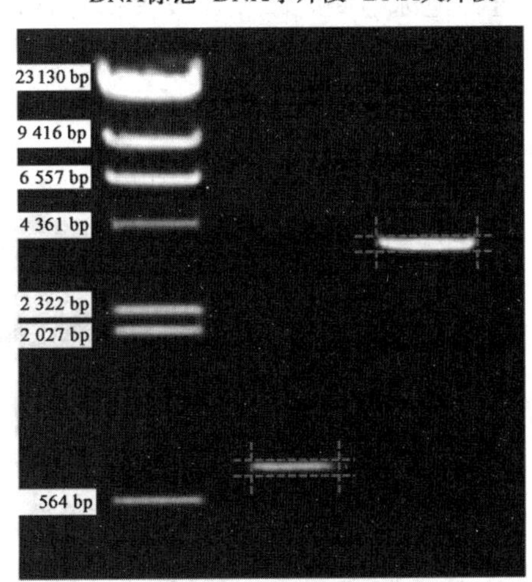

图 27–1　割胶示意图

此图为双酶切结果电泳图，在此仅作示意，实际浓度比它大，红色虚线部分为割胶部分

2. 采用普通琼脂糖凝胶 DNA 回收试剂盒回收 DNA（试剂盒说明书见网上资源“延伸阅读 27–1”）

（1）柱平衡步骤：向吸附柱 CA2 中（吸附柱放入收集管中）加入 500 μL 平衡液 BL，12 000 r/min 离心 1 min，倒掉收集管中的废液，将吸附柱重新放回收集管中。

（2）向胶块中加入 1 倍体积溶胶液 PN；当回收的目的片段 <150 bp 或琼脂糖凝胶浓度 >2% 时，建议使用 3 倍体积溶胶液 PN（如凝胶重为 0.1 g，其体积可视为 100 μL，依此类推）。

（3）50℃水浴孵育 10 min，其间不断温和地上下翻转离心管，以确保胶块充分溶解。如果还有未溶解的胶块，可再补加一些溶胶液或继续放置几分钟，直至胶块完全溶解（若胶块的体积过大，可事先将胶块切成碎块）。

（4）将上一步所得溶液加入一个平衡好的吸附柱 CA2 中（吸附柱放入收集管中），室温放置 2 min，12 000 r/min 离心 60 s，倒掉收集管中的废液，将吸附柱 CA2 放入收集管中。

（5）向吸附柱 CA2 中加入 700 μL 漂洗液 PW，12 000 r/min 离心 60 s，倒掉收集管中的

废液，将吸附柱 CA2 放入收集管中。

（6）向吸附柱 CA2 中加入 500 μL 漂洗液 PW，12 000 r/min 离心 60 s，倒掉废液。

（7）将吸附柱 CA2 放回收集管中，12 000 r/min 离心 2 min，尽量除尽漂洗液。将吸附柱 CA2 置于室温放置 5 min，彻底地晾干，以防止残留的漂洗液影响下一步的实验。

（8）将吸附柱 CA2 放到一个干净的 1.5 mL 离心管中，向吸附膜中间位置悬空滴加适量（30 μL）洗脱缓冲液 EB（>10 kb 加 EB 65 ~ 70 μL），室温放置 2 min。

（9）12 000 r/min 离心 2 min 收集 DNA 溶液。

（10）回收得到的 DNA 片段可用琼脂糖凝胶电泳和紫外分光光度计检测浓度与纯度。

六、实验结果

1. 电泳检测结果

用回收的 DNA 产物 5 μL 进行电泳检测。回收片段较相应 DNA 标记亮，均可见（图 27–2），说明回收体系的 DNA 浓度已经超过后续开展连接实验的最低要求，可以用于连接与转化实验。

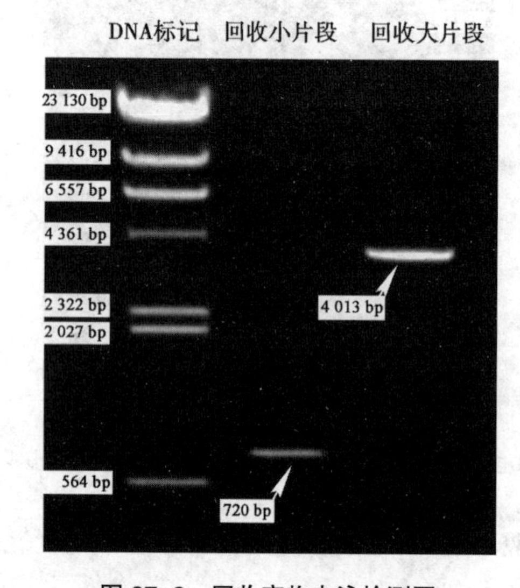

图 27–2　回收产物电泳检测图

2. OD 值检测结果

DNA 应在 OD_{260} 处有显著吸收峰，OD_{260} 值为 1 相当于大约 50 μg/mL 双链 DNA、40 μg/mL 单链 DNA。OD_{260}/OD_{280} 比值应为 1.7 ~ 1.9，如果洗脱时不使用洗脱缓冲液，而使用去离子水，比值会偏低，因为 pH 和离子存在会影响吸光度，但并不表示纯度低。

七、实验建议

1. 电泳上样时应注意：①上样前赶走胶孔内气泡；②移液器的吸头对准胶孔的位置，并保持在孔内较上部分，以防戳破胶孔；③释放样品时不要太快，让样品自然沉下，防止样品被吹起溢出。

2. 电泳时间不要过长，DNA 标记跑开即可，否则小片段 DNA 条带不易看见。

3. 回收试剂盒低温贮存时，使用前应先将试剂盒内的溶液在室温中放置一段时间，必要时可在 37℃水浴中预热 10 min，以平衡溶液温度。

4. 割胶回收时应注意：①收集胶块及后面转移到回收柱、换新管过程中，务必要做好标记；②割胶过程中，尽量将不含目标片段的废胶割去，否则会增加溶胶液用量，DNA 回收率也会受影响；③溶胶液控制在 1 mL 以下，要保证彻底溶胶，Ep 管中胶体澄清、折射率一致，没有不溶的小颗粒存在，否则胶块未溶，会影响得率；④含 DNA 片段的溶胶液过吸附柱时可静置 1 ~ 2 min，使 DNA 被更完全的吸附；⑤溶胶液第一次过柱时，可能吸附还不完全，可以将离心下的弃液再过柱一次，以增加回收率，但不是必需；⑥最后一次加入漂洗液后，离心要充分，其后可打开管盖静置 2 min，以除去乙醇残留，否则会影响后面的实验反应。

八、思考题

1. 在琼脂糖凝胶电泳中，DNA 为什么是从电源的负极往正极迁移？
2. 回收 DNA 的过程中，吸附柱是否可以吸附 RNA？如何去除？

参考文献

1. Aaij C，Borst P. The gel electrophoresis of DNA. Biochim Biophys Acta，1972，269：192–200.
2. Green M R，Sambrook J. 分子克隆实验指南 . 4 版 . 贺福初译 . 北京：科学出版社，2017.

实验 28

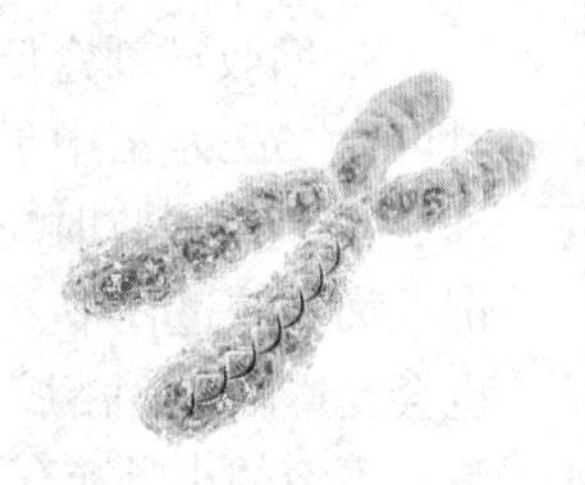

大肠杆菌转化实验

一、实验原理

转化（transformation）是指一段同源或异源的 DNA 转入受体细胞并得到表达的水平基因转移过程，是现代分子生物学研究和基因工程不可缺少的重要技术。目前常用的转化方法有 $CaCl_2$ 法（化学转化法）和电转化法。（外源 DNA 进入细胞的方法见网上资源“视频 28-1”）

1928 年，F. Griffith 在肺炎链球菌中发现了转化现象后，直到 1944 年，转化因子的本质才被 O. T. Avery 等所鉴定，这是说明遗传的物质基础是 DNA 的第一个明确实验根据。

细菌的转化效率高低与受体菌的感受态有关。所谓感受态，就是细菌吸收转化因子（周围环境中的 DNA 分子）的生理状态。关于感受态的本质与存在，主要有两种假设：

（1）局部原生质体化假说细菌表面的细胞壁结构发生变化，即局部失去细胞壁，使 DNA 分子能通过质膜进入细胞。

（2）酶受体假设感受态细胞的表面形成一种能接受 DNA 的酶位点，使 DNA 分子能进入细胞。用 $CaCl_2$ 处理受体菌，使其处于感受态，在低温中与转化因子相混合。

DNA 分子转化的过程如下：①吸附，完整的双链 DNA 分子吸附在受体菌的表面。②转入，双链 DNA 分子解链，单链 DNA 进入受体菌，另一链降解。③自稳，外源质粒 DNA 分子在细胞内又复制成双链环状 DNA。④表达，供体基因随同复制子同时复制，并被转录转译。对 DNA 分子来说，成功转化的概率极小，仅占 DNA 分子的 0.01%，经过转化的全部受体菌培养在含有筛选标记的完全培养基上，结果只有转化子（质粒 DNA 已转入到受体细胞内）才能生长。

本实验选用大肠杆菌 DH5α 的感受态细胞，将 pEGFP-N1 质粒导入其中，利用卡那霉素进行筛选，获得转化子。

二、实验目的

1. 了解细菌转化的原理。
2. 掌握 $CaCl_2$ 转化方法的操作技术。

三、实验材料

大肠杆菌 DH5α；具有卡那霉素抗性的质粒 pEGFP-N1 DNA。

四、实验器具和试剂

1. 用具

恒温振荡培养箱，台式高速离心机，微量移液器，接种环，离心管，培养皿，涂布棒，Eppendorf 管，吸头，三角烧瓶。（实验前准备吸头，并灭好菌待用。）

2. 试剂

（1）LB 液体培养基：酵母抽提物 5 g，蛋白胨（tryptone）10 g，NaCl 5 g，充分溶解于 800 mL 蒸馏水中，用 1 mol/L 的 NaOH 调节 pH 至 7.0 ~ 7.2，用蒸馏水定容至 1 000 mL，121℃高压灭菌。

（2）含卡那霉素（kanamycin，Kan）的 LB 固体培养基：LB 液体培养基中加入 20 g/L 琼脂，121℃高压灭菌。待培养基稍凉后加入卡那霉素（终浓度 50 mg/L）。

（3）卡那霉素溶液（50 mg/mL）：称取卡那霉素 50 mg，溶于 1 mL 无菌蒸馏水中。

（4）50 mmol/L $CaCl_2$ 溶液：称取无水 $CaCl_2$ 2.8 g，加双蒸水至 500 mL，121℃高压灭菌。

五、实验步骤

1. 感受态细胞的制备

（1）取大肠杆菌 DH5α 一环接入 10 ~ 20 mL LB 培养液中，37℃振荡培养过夜（250 r/min）。

（2）取 0.2 mL 菌液加到 20 mL 新鲜的 LB 培养液中，37℃振荡培养 3 ~ 4 h，直至培养液呈雾状（OD_{260} 为 0.5）。

（3）取 1.5 mL 菌液于 2 mL 无菌 Eppendorf 管中。

（4）置冰上 10 min，于 4℃ 4 000 r/min 离心 5 min。

（5）弃上清液，加入 500 μL 冰上预冷的 50 mmol/L $CaCl_2$ 溶液，轻轻旋转（用枪轻轻吹打混匀），使细胞充分悬浮。

（6）置冰上 20 min，于 4℃ 5 000 r/min 离心 10 min。

（7）弃上清液，加入 100 μL 冰上预冷的 50 mmol/L $CaCl_2$，用枪轻轻吹打混匀，使细胞充分悬浮，5 min 后用于转化实验。如不立即使用，将感受态置于 4℃保存。

2. 细菌的转化

（1）按下表配制各个转化组体系（见实验 26“质粒 DNA 的扩增与提取”）。

组别	质粒	受体菌	50 mmol/L $CaCl_2$	总体积
转化组	1 μL	50 μL		51 μL
对照组 1	1 μL		50 μL	51 μL
对照组 2		1 μL	50 μL	51 μL
对照组 3		50 μL		50 μL
对照组 4			50 μL	50 μL

（2）将上述溶液冰浴 20 ~ 30 min，期间轻摇 3 次。

（3）42℃水浴，精确热激 90 s。

（4）置于冰上 2 min。

（5）每管加500 μL LB培养液，180 r/min，37℃摇床培养1 h。

（6）4 000 r/min离心5 min，去上清液，剩余100～150 μL重悬菌体，涂布在含有卡那霉素的LB固体培养基的平板上。

（7）正置20 min，然后倒置于37℃培养箱中，过夜培养。

（8）第二天，观察转化子出现数目，计算转化频率。

六、实验结果

$$转化频率（转化子数/每\ \mu g\ 质粒\ DNA）=\frac{转化子总数}{质粒\ DNA\ 加入量（\mu g）}$$

七、思考题

1. 转化实验中各个对照组的设置意义是什么？
2. 热激在转化实验中的作用是什么？

参考文献

1. 吴乃虎.基因工程原理（上册）.2版.北京：科学出版社，1999：317-317.

2. Hanahan D. Studies on transformation of *Escherichia coli* with plasmids. Journal of Molecular Biology，1983，166（4）：557-580.

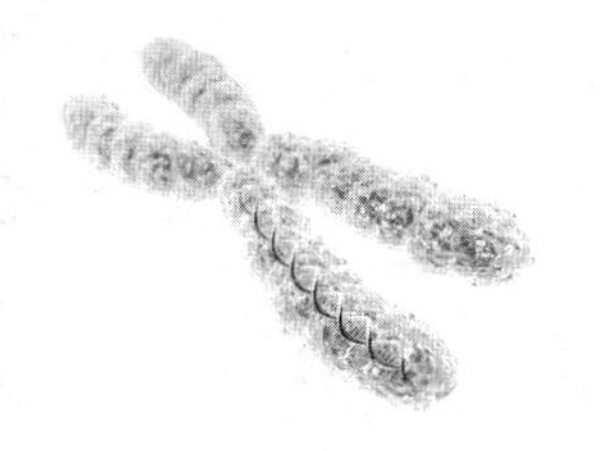

实验 29

DNA 片段的连接与阳性转化子（蓝白斑）的筛选实验

一、实验原理

连接反应在 DNA 重组技术中是非常关键的一步，纯化切割后的目的基因片段只有经过与带有自主复制起点的载体连接后才能转化成功，获得真正的克隆。DNA 连接酶是基因工程中重要的工具酶之一，在一定条件下它可催化两个双链 DNA 片段相邻的 5′ 端磷酸与 3′ 端羟基之间形成磷酸酯键，实现不同 DNA 片段间的连接。通过 DNA 连接酶还可修复双链 DNA 上缺口处的磷酸二酯键；修复与 RNA 链结合的 DNA 链上缺口处的磷酸二酯键；连接多个平头双链 DNA 分子等。其中，平头末端的连接效率较黏性末端连接效率低得多。

构建重组子的过程主要分为三大步骤：首先是目的 DNA 片段与载体相互连接；其次是连接产物转入大肠杆菌；最后是采用培养基对阳性转化子进行筛选。

在蓝白斑筛选实验中，需要选择适用于蓝白斑筛选的 β- 半乳糖苷酶缺陷型菌株，可以选择商品化的大肠杆菌菌株 DH5α。该菌株内编码的 β- 半乳糖苷酶失去正常 N 端 146 个氨基酸的一个短肽（即 α 肽链），不具有生物活性。使用的载体（可选择商用载体，如 pMD18-T）通常需要包含一段称为 *lacZ* 的基因，*lacZ* 中包括：一段 β- 半乳糖苷酶的启动子；可以编码 α 肽链的区段；一个多克隆位点（MCS，也称为多酶切位点），该 MCS 位于编码 α 肽链的区段中，是外源目的 DNA 片段选择性的插入位点。当载体 pMD18-T 自连成环并转入大肠杆菌 DH5α，使 *lacZ* 中的 α 肽链表达，则质粒 *lacZ* 基因编码的 α 肽链和菌株 DH5α 基因组表达的 N 端缺陷的 β- 半乳糖苷酶突变体互补，恢复完整 β- 半乳糖苷酶的作用，将无色化合物 X-gal（5- 溴 -4- 氯 -3- 吲哚 -β-D- 半乳糖苷）切割成半乳糖和深蓝色的物质 5- 溴 -4- 靛蓝，5- 溴 -4- 靛蓝可使整个菌落变成蓝色。这种现象称之为 α- 互补。当目的 DNA 片段与载体 pMD18-T 相连，即插入了多克隆位点 MCS 后，载体上的 *lacZ* 无法表达出正常的 α 肽链，这样的重组质粒在大肠杆菌 DH5α 中无法恢复 β- 半乳糖苷酶的作用，也无法作用于 X-gal，产生的菌落为白色。这样的阳性重组子的筛选称之为蓝白斑筛选。

实验中，蓝白筛选一般是与抗生素抗性筛选同时使用。在含有氨苄青霉素抗生素培养基的平板上添加 IPTG（异丙基硫代 -β-D- 半乳糖苷）和 X-gal，IPTG 可以激活 lacZ 中的 β- 半乳糖苷酶的启动子，使没有插入目的 DNA 片段可以正常表达 β- 半乳糖苷酶的菌株在 X-gal 的固体平板培养基中呈现蓝色，插入了目的 DNA 片段的呈现白色。这样，一次筛选可以判断出：未转化的菌不具有抗性，不生长；转化了空载体，即未插入目的 DNA 片段的重组质粒的菌，长成蓝色菌落；转化了插入目的 DNA 片段的重组质粒的菌，即目的重组菌，阳性转化子长成白色菌落。

二、实验目的

1. 了解连接的基本原理，掌握连接的基本操作。
2. 掌握阳性转化子的筛选方法和原理
3. 掌握蓝白斑筛选阳性转化子的方法和原理

三、实验材料

1. 大肠杆菌（*Escherichia coli*）DH5α 的感受态细胞（公司直接购买）。
2. 连接目的 DNA 片段，pMD-18 载体 DNA（具有氨苄青霉素抗性）。

四、实验器具和试剂

1. 器具

恒温振荡培养箱，台式高速离心机，微量移液器，离心管，培养皿，涂布棒，金属浴，Eppendorf 管（EP 管），吸头，三角烧瓶。（实验前准备吸头，并灭好菌待用）

2. 试剂

（1）LB 液体培养基：酵母抽提物 5 g，蛋白胨（Tryptone）10 g，NaCl 5 g，充分溶解于 800 mL 蒸馏水中，用 1 mol/L 的 NaOH 调节 pH 至 7.0 ~ 7.2，用蒸馏水定容至 1 000 mL，121℃高压灭菌。

（2）含氨苄青霉素（Ampicillin，Amp）的 LB 固体培养基：LB 液体培养基中加入 2% 琼脂，121℃高压灭菌。待培养基稍凉后加入氨苄青霉素（终浓度 100 mg/L）。

（3）氨苄青霉素溶液（100 mg/mL）：称取卡那霉素 100 mg，溶于 1 mL 无菌蒸馏水中。

（4）其他：IPTG（50 mg/mL），X-gal（40 mg/mL），pMD18-T 克隆载体试剂盒（Takara 公司，货号：6011）

五、实验步骤

实验前先将含氨苄青霉素的 LB 固体培养基的平板表面加入 20 μL 的 IPTG、20 μL 的 X-gal，涂布均匀，倒置放于 37℃培养箱中预热。

1. 目的 DNA 片段的连接（根据实际使用的试剂盒操作）

连接体系（10 μL）如下：

（1）T Vector（载体 DNA）	0.5 μL
（2）DNA 片段	4.5 ~ 1 μL
（3）Solution I	5 μL
（4）ddH_2O	0 ~ 3.5 μL

16℃，反应 30 min。

一般载体和目的片段的摩尔比例为 1 : 3 ~ 1 : 8，实际需根据目的片段的长度进行调整。供体过量是为了避免载体自连的错误质粒的产生，因为后续的氨苄青霉素抗性筛选，无法将该错误质粒排除。

2. 连接产物转入大肠杆菌感受态细胞 DH5α

（1）按下表配制各个转化组体系

	连接产物	受体菌	总体积
转化组	10 μL	100 μL	110 μL
对照组 1*	10 μL	100 μL	110 μL
对照组 2*	10 μL	100 μL	110 μL

* 对照组 1 为载体自连组，即连接的时候不加外源 DNA 片段，只加载体 DNA。

* 对照组 2 为试剂盒中的阳性对照，即连接的时候加入的是 control DNA 片段。

（2）将上述溶液冰浴 20 ~ 30 min，期间轻摇 3 次。

（3）42℃水浴，精确热激 90 s。

（4）置于冰上 2 min。

（5）每管加 500 μL LB，180 r/min，37℃摇床培养 1 h。

（6）4 000 r/min 离心 5 min，去上清液，剩余 100 μL 重悬菌体，涂布在含有氨苄青霉素，IPTG 和 X-gal 的 LB 固体培养基的平板上。

（7）正置 10 min，然后倒置于 37℃培养箱中，过夜培养。

（8）第二天，观察平板结果。如果蓝斑不明显，可置于 4℃冰箱中过夜，再观察。

六、实验结果

实验结果如图 29-1 所示。平板上有白色的菌落和蓝色的菌落，白色的菌落为目的片段插入了载体的多克隆位点后，破坏了 *lacZ* 基因，没法产生 β- 半乳糖苷酶的阳性转化子，蓝色的菌落为载体自连后恢复了 β- 半乳糖苷酶的转化子。

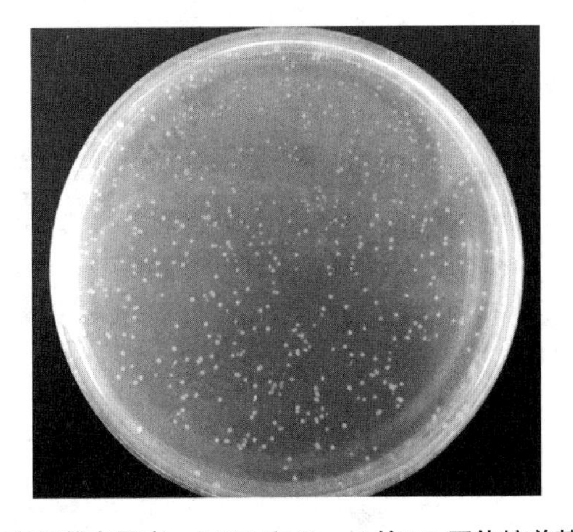

图 29-1　在含有氨苄青霉素、IPTG 和 X-gal 的 LB 固体培养基生长的转化子

白色菌落为阳性转化子。

七、思考题

1. 假阳性转化子是怎样产生的？
2. 重组子筛选中互补的原理是什么？

参考文献

Slilaty S N，Lebel S. Accurate insertional inactivation of *lacZ*α：construction of pTrueBlue and M13TrueBlue cloning vectors. *Gene*，1998，213：83–91.

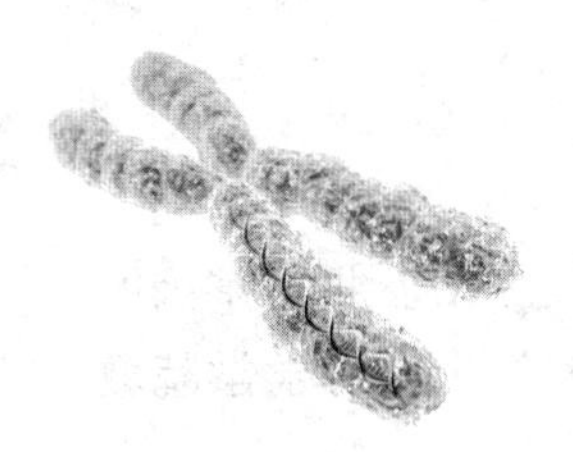

实验 30

哺乳动物细胞中报告基因的表达分析——反转录 PCR

一、实验原理

反转录 PCR（reverse transcriptional PCR，RT-PCR）是检测基因表达的常用方法，可用于在 mRNA 水平定性或半定量分析基因表达。RT-PCR 以细胞 mRNA 为模板，通过反转录酶（reverse transcriptase）合成互补 DNA（complementary DNA，cDNA）。制备得到的 cDNA 的丰度直接反映了 mRNA 的表达水平，以 cDNA 为模板进行常规 PCR 实验即可鉴定目的基因的表达情况。要获得 RT-PCR 的 mRNA 模板，可利用商品化 TRIZOL 试剂从细胞或组织中提取总 RNA。TRIZOL 中含有苯酚，其主要作用是裂解细胞，使细胞中的蛋白核酸复合物解聚并释放到溶液中。此外，TRIZOL 中还含有异硫氰酸胍等核糖核酸酶（RNase）抑制剂，可以在裂解细胞的同时使 RNase 变性，防止 RNA 降解，保持 RNA 的完整性。TRIZOL 处理后的样品经氯仿处理后离心可分层，收集水相层后通过异丙醇沉淀即能获得全细胞 RNA。RT-PCR 的另一个关键试剂是反转录酶，它能够以 mRNA 为模板合成 cDNA 第一条链，水解 RNA-DNA 杂合链中的 RNA，再以 cDNA 第一条链为模板合成互补的双链 cDNA（图 30-1）。RT-PCR 还需要引物来起始合成，cDNA 合成最常用的引物是与真核细胞 mRNA 分子 3′ 端 poly（A）结合的 12～18 个核苷酸长的 oligo d（T）。此外，随机引物和基因特异性引物也是常用的起始合成的引物。

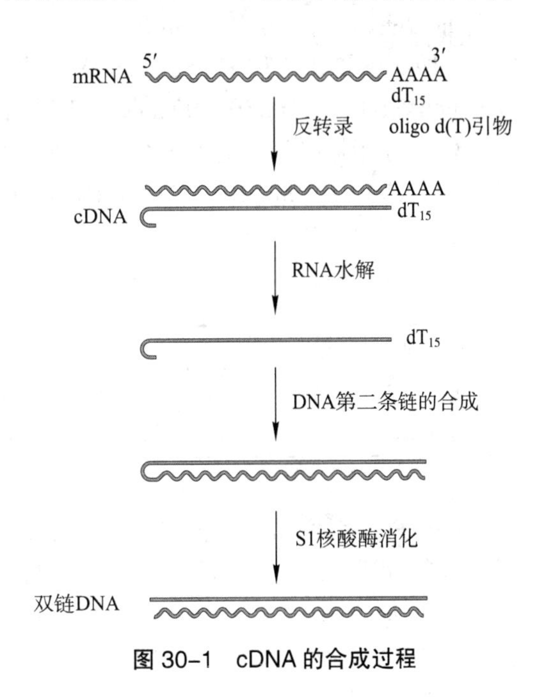

图 30-1　cDNA 的合成过程

二、实验目的

1. 练习使用 TRIZOL 试剂从体外培养的哺乳动物细胞中抽提总 RNA 的方法。

2. 拍摄 RNA 琼脂糖凝胶电泳的结果，记录分光光度计测量的 RNA 浓度，了解 RNA 质检的原理与方法。

3. 练习使用反转录试剂盒进行 RT-PCR 的操作方法。

4. 学习利用常规 PCR 实验对真核基因进行表达分析的方法。

三、实验材料

人肝癌细胞系 SK-Hep1，购买自 ATCC（美国模式培养物集存库），无 *EGFP* 报告基因的表达；携带 *EGFP* 报告基因的人肝癌细胞系 SK-Hep1 克隆 E6（由复旦大学生命科学学院教学实验中心构建），可高水平表达报告基因 *EGFP*，荧光显微镜下可检测到绿色荧光。

四、实验器具和试剂

1. 用具

无 RNase 的 Eppendorf 管，无 RNase 的吸头，Eppendorf 管架，冷冻离心机，常温离心机，微量移液器，电热恒温水浴锅，镊子，漂板，PCR 仪，电泳仪（包括平板电泳槽），紫外分光光度计，凝胶成像仪，-80℃冰箱。

2. 试剂

（1）焦碳酸二乙酯（DEPC）处理水：1 000 mL 去离子水中加入 1 mL DEPC，搅拌过夜，封紧瓶口后高压灭菌 25 min，除去残留的 DEPC。

（2）70% 乙醇：700 μL 无水乙醇加 300 μL DEPC 处理水。

（3）10 mmol/L Tris-HCl（pH 7.5）：称取 1.21 g Tris 碱，加双蒸水 800 mL 充分溶解，加入适量盐酸调节 pH 至 7.5，定容至 1 L。

（4）50 × TAE：称取 242 g Tris 碱，加双蒸水 600 mL 充分溶解，加无水乙酸 57.1 mL，0.5 mol/L EDTA（pH 8.0）100 mL，定容至 1 L。使用前用双蒸水稀释 50 倍至工作浓度。

（5）琼脂糖凝胶：按体积百分比将合适质量的琼脂糖溶解到 1 × TAE 溶液中（例如，1 g 琼脂糖加入到 100 mL TAE 中得到 1% 的胶），微波煮沸摇匀，倒入制胶槽内，插入合适大小的梳齿，冷却凝结。

（6）PCR 引物：

引物	*EGFP*	*ACTB*
正向引物	5′-GTGACCACCCTGACCTAC-3′	5′-ACCACACCTTCTACAATGAG-3′
反向引物	5′-TAGTTGCCGTCGTCCTTG-3′	5′-TAGCACAGCCTGGATAGC-3′

（7）PCR 标准品：取 pEGFP-N2 质粒作为 *EGFP* 基因扩增的阳性对照；取前期实验中已确定反转录成功的 cDNA 样品作为管家基因扩增的阳性对照。

3. 其他试剂

TRIZOL 试剂，氯仿，异丙醇，无水乙醇，DNA 上样缓冲液（含安全核酸染料），DNA 标记，RT-PCR Kit（含反转录酶、引物、缓冲液等组分），*Taq* DNA 聚合酶及缓冲液，dNTP。

五、实验步骤

1. 细胞总 RNA 的抽提

（1）分别收集 1×10^6 个携带 *EGFP* 报告基因的 SK-Hep1 细胞及 1×10^6 个野生型 SK-Hep1 细胞至 2 个 1.5 mL 无 RNase 的 Eppendorf 管内。

（2）离心弃去细胞悬液中的培养基。向细胞沉淀内加入 1 mL TRIZOL 裂解液，充分吹打使细胞裂解。室温孵育 5 min，使得核酸蛋白复合物完全分离。

（3）向 Eppendorf 管中继续加入 200 μL 氯仿，盖好管盖，剧烈振荡 15 s，室温放置 3 min。

（4）4℃ 12 000 r/min 离心 10 min，样品会分成 3 层：黄色的有机相、中间层和无色的水相，RNA 主要在水相中，水相的体积约为所用 TRIZOL 裂解液的 50%。把水相转移到新管中（用 200 μL 吸头操作）。

（5）向水相中缓慢加入 500 μL 的异丙醇沉淀 RNA，上下颠倒混匀（此时可能会出现沉淀），室温静置 10 min。

（6）4℃ 12 000 r/min 离心 10 min，小心取出 EP 管，管底可见白色 RNA 沉淀。

（7）小心地彻底去除上清液，加入 1 mL 70% 乙醇，轻柔地上下颠倒一两次进行洗涤，4℃ 7 500 r/min 离心 5 min。

（8）小心地弃去上清液：先用 1 mL 量程的移液器吸走大部分液体，将离心管置于常温离心机中离心数秒，再用 200 μL 量程的移液器将残留液体小心吸出。室温下干燥 5 ~ 10 min。

（9）加入 50 μL 左右的 DEPC 水，55 ~ 60℃水浴 5 min，使 RNA 彻底溶解。

（10）RNA 质检 1：取 1 μL 的 RNA 进行 1% 琼脂糖凝胶电泳检测。

（11）RNA 质检 2：使用分光光度计进行浓度检测，读取 OD_{260} 以及 OD_{260}/OD_{280} 的值。

（12）在贮存 RNA 的 Eppendorf 管上做好标记，-80℃保存。

2. 使用 TaKaRa 公司的试剂盒（PrimeScript™ RT reagent Kit with gDNA Eraser，cat.# RR047Q）进行 RT-PCR

（1）在抽提得到的总 RNA 中去除基因组 DNA（gDNA）。按下表配制反应体系。

组分	用量（10 μL 体系）
5 × 基因组 DNA Eraser 缓冲液	2 μL
基因组 DNA Eraser	1 μL
总 RNA	500 ng
去除 RNA 的水	至 10 μL

（2）完成反应体系配制后，常温离心机上离心数秒，甩下挂壁液体。

（3）42℃水浴 2 min 进行反应，之后将反应管置于冰上。

（4）按照下表继续配制 RT-PCR 的体系。

反转录合成 cDNA 体系	用量（20 μL 体系）
去除基因组 DNA 后的反应液	10 μL
PrimerScript™RT 酶混合物	1.0 μL
5 × PrimerScript 缓冲液 2	4.0 μL
RT 引物混合物	1.0 μL
去除 RNA 的水	4.0 μL

（5）完成反应体系配制后，离心机上快速离心，甩下挂壁液体。

（6）将反应管放入37℃水浴锅中催化反转录合成，反应15 min。然后放入85℃水浴锅内失活反转录酶的活性，反应5 s。

3. 常规PCR检测报告基因的表达

（1）取2个1.5 mL的Eppendorf管，分别配制报告基因*EGFP*和管家基因*ACTB*的反应总管。具体如下：

PCR反应	单反应管（20 μL）	反应总管（20 μL × 5）
Milli-Q去离子水	13.6 μL	68 μL
10 × *Taq*缓冲液	2 μL	10 μL
dNTP	2 μL	10 μL
正向引物（10 μmol/L，*EGFP/ACTB*）	0.5 μL	2.5 μL
反向引物（10 μmol/L，*EGFP/ACTB*）	0.5 μL	2.5 μL
Taq DNA聚合酶	0.4 μL	2 μL
模板（cDNA水溶液）	1 μL	—

（2）取8个0.25 mL的Eppendorf管，分别做好标记：①*EGFP*阴性对照组；②*EGFP*阳性对照组；③*EGFP*实验组1；④*EGFP*实验组2；⑤*ACTB*阴性对照组；⑥*ACTB*阳性对照组；⑦*ACTB*实验组1；⑧*ACTB*实验组2。向Eppendorf管中分别加入19 μL的*EGFP*或*ACTB*的扩增反应体系。

（3）分别向Eppendorf管中补入相应的模板1 μL，阴性对照是双蒸水，阳性对照是PCR标准品，实验组1是来自携带*EGFP*报告基因的细胞的cDNA，实验组2是来自野生型细胞的cDNA。加入模板后轻弹管壁以混匀液体，再低速离心，甩下挂壁液体。

（4）按照以下程序进行PCR反应：94℃，5 min；30个循环（94℃，30 s；60℃，30 s；72℃，20 s）；72℃，7 min。

（5）制备一块2%的琼脂糖凝胶，向PCR产物中加入5 μL的DNA上样缓冲液，混匀后点样。再取5 μL的DNA标记点样。150 V电泳30 min左右。

（6）利用凝胶成像仪进行拍照，记录实验结果。

六、实验结果

1. 拍摄RNA电泳图。完整的哺乳动物细胞RNA在凝胶电泳中应有两条优势RNA条带，分别是28S rRNA和18S rRNA，且28S rRNA与18S rRNA的灰度比值约为2∶1（图30-2）。全细胞mRNA仅占RNA总量的1%～5%，且长度不等，在凝胶电泳中一般不可见。注意实验过程中的RNase污染会造成RNA得率低，避免RNase污染的方法包括：①佩戴口罩和一次性手套（皮肤表面经常带有细菌和真菌，可能成为RNase的来源）；②使用无菌的、无RNase的吸头、Eppendorf管等塑料制品及玻璃制品。塑料制品去除RNase的方法：在1 L去离子水中加入1 mL DEPC，搅拌4 h以上，倒入盛有吸头和Eppendorf管的容器内，用保鲜膜封住容器口防止DEPC挥发，室温静置过夜。倒掉溶液后灭菌25 min，以除去残留的DEPC。倒出的DEPC水也需高压灭菌25 min后再丢弃。玻璃器皿去除RNase的方法：

烘烤 4 h。

2. 计算抽提所得的 RNA 浓度。RNA 的浓度可根据 1 OD_{260} = 40 μg/mL RNA 进行计算。为保证 RNA 浓度与吸光度之间存在良好的线性关系，RNA 样品应合理稀释（使用 pH 7.5 的 10 mmol/L Tris–HCl 进行稀释），使得 OD_{260} 的读数在 0.15 ~ 0.5 之间。此外，纯 RNA 的 OD_{260}/OD_{280} 比值应在 1.8 ~ 2.0，低于 1.8 说明有蛋白质的污染。

3. 拍摄 PCR 产物电泳图，记录各个组别的扩增结果。记录下表：

扩增基因	阴性对照组	阳性对照组	实验组 1	实验组 2
EGFP				
ACTB				

分析实验结果，阴性对照组采用双蒸水做模板，应没有扩增产物。阳性对照组采用标准品做模板，应有大小正确的扩增产物（*EGFP*，136 bp；*ACTB*，160 bp）。实验组 1 和 2 都应有管家基因 *ACTB* 的扩增产物，因为该基因在全部细胞中广谱表达，但有且仅有实验组 2 能够得到报告基因 *EGFP* 的扩增产物，因为仅有携带 *EGFP* 基因的 SK–Hep1 细胞能够表达该报告基因（图 30–3）。

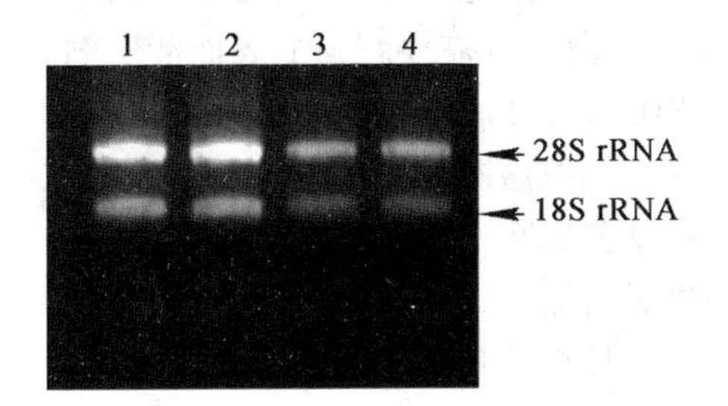

图 30–2　哺乳动物细胞总 RNA 的琼脂糖凝胶电泳图

1 ~ 4 号泳道分别是不同小组的实验样品

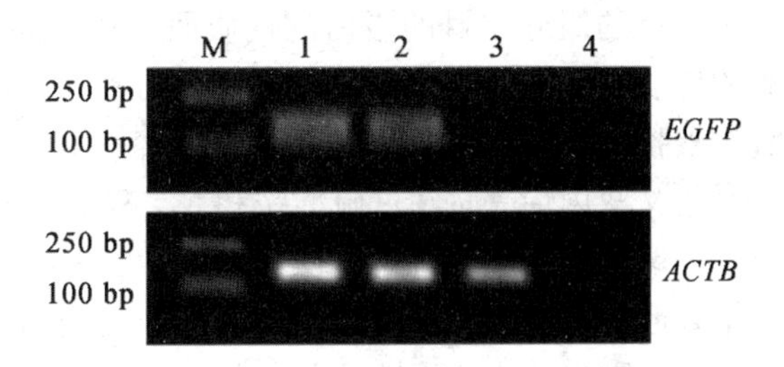

图 30–3　*EGFP* 报告基因和 *ACTB* 管家基因的表达检测

M 是 DNA 标记；1 号泳道是阳性对照；2 号泳道是携带 *EGFP* 基因的 SK–Hep1 细胞 cDNA；3 号泳道是野生型 SK–Hep1 细胞 cDNA；4 号泳道是阴性对照

七、思考题

1. 抽提 RNA 和抽提基因组 DNA 在实验方法上有什么不同?

2. 利用反转录 PCR 实验检测报告基因的表达的同时，为什么还要扩增管家基因（如 *ACTB*）?

参考文献

1. Connolly M A，Clausen P A，Lazar J G.Purification of RNA from Animal Cells Using Trizol. Cold Spring Harb Protoc，2006：pdb.prot4104.

2. Product Manual of PrimeScript™ RT reagent Kit with gDNA Eraser，cat.#RR047Q（TaKaRa，Japan）.

实验 31

哺乳动物细胞中报告基因的表达分析——Western 印迹法

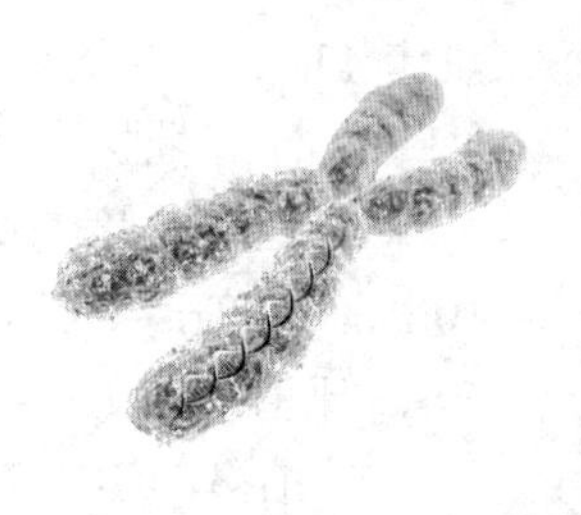

一、实验原理

1975 年，Southern 建立了将 DNA 转移到生物膜上，利用 DNA–DNA 杂交检测特定 DNA 片段的方法，称为 Southern 印迹法（Southern blot）。而后人们用类似的方法对单向电泳后的蛋白质进行印迹分析，称为 Western 印迹法（Western blot）。

利用 Western 印迹法进行蛋白表达分析，需要先从哺乳动物细胞中抽提全细胞蛋白质，细胞裂解液的组分因目的蛋白的性质而有所不同，例如膜蛋白提取需要较强的表面活性剂，激酶的提取需要磷酸酶抑制剂等。抽提得到的蛋白质经 SDS–PAGE（十二烷基磺酸钠 – 聚丙烯酰胺凝胶电泳）后按照相对分子质量大小发生分离。聚丙烯酰胺凝胶中的单体丙烯酰胺和 N，N– 甲叉双丙烯酰胺在过硫酸铵和 N，N，N′，N′– 四甲基乙二胺（TEMED）的作用下产生自由基，聚合交联成三维网状结构的凝胶。SDS 属于阴离子去垢剂，带有大量负电荷，与蛋白质结合形成复合物后消除了蛋白质分子之间的电荷差异，使得蛋白质分子的迁移速率主要取决于蛋白质相对分子质量的大小。

接下来，将经电泳分离的蛋白质样品转移到 NC 膜（硝酸纤维素膜）或 PVDF 膜（聚偏二氟乙烯膜）等固相载体上。为了提高免疫反应的特异性，转移后的生物膜需要用高浓度的蛋白质溶液（如 50 g/L 的牛血清白蛋白或脱脂奶粉溶液）处理，封闭膜上剩余的疏水结合位点，避免抗体与膜的非特异性结合。封闭后，将生物膜先与识别抗原的第一抗体孵育，洗涤后再与识别第一抗体的第二抗体孵育，即可在膜表面特定蛋白质分子的位置形成牢固的“蛋白质抗原 – 第一抗体 – 第二抗体”复合物（图 31–1）。通过在第二抗体上进行标记修饰，例如酶、同位素或荧光基团，可以通过追踪第二抗体（化学发光反应、放射自显影或荧光激发）的方法间接指示抗原在膜上的位置，实现目的蛋白的定性或半定量分析。

二、实验目的

1. 了解利用蛋白质裂解液从哺乳动物细胞中抽提总蛋白质的方法。

2. 了解 Western 印迹法的实验原理，练习并掌握其中的聚丙烯酰胺凝胶制备、电泳、转膜等基本操作。

3. 熟悉化学发光检测方法，学习如何分析 Western 印迹法的实验结果。

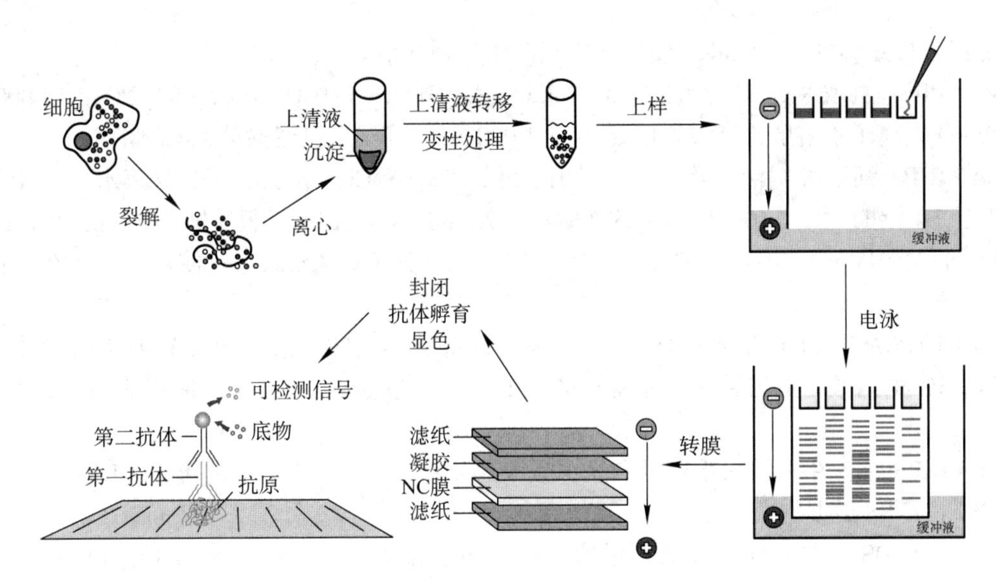

图 31-1　Western 印迹法实验流程示意图

三、实验材料

人肝癌细胞系 SK-Hep1，购买自 ATCC，无 *EGFP* 报告基因的表达；携带 *EGFP* 报告基因的人肝癌细胞系 SK-Hep1 克隆 E6（由复旦大学生命科学学院教学实验中心构建），可高水平表达报告基因 *EGFP*，荧光显微镜下可检测到绿色荧光。

四、实验器具和试剂

1. 用具

Eppendorf 管，吸头，Eppendorf 管架，冷冻离心机，常温离心机，微量移液器，电热恒温水浴锅，计时器，镊子，漂板，玻璃板，玻璃板夹，灌胶架，梳齿，电泳仪（包括垂直电泳槽），半干转膜仪，涂布棒，水平摇床，抗体孵育盒，化学发光成像仪，冰箱。

2. 试剂

（1）SDS-PAGE 胶：

PAGE 胶	5% 浓缩胶（3 mL）	8% 分离胶（7.5 mL）	10% 分离胶（7.5 mL）	12% 分离胶（7.5 mL）
双蒸水	1.72 mL	3.45 mL	2.95 mL	2.45 mL
30% Acr-Bis	0.5 mL	2 mL	2.5 mL	3 mL
Tris-HCl	0.76 mL （0.5 mol/L，pH 6.8）	1.9 mL （1.5 mol/L，pH 8.8）	1.9 mL （1.5 mol/L，pH 8.8）	1.9 mL （1.5 mol/L，pH 8.8）
10% SDS	30 μL	75 μL	75 μL	75 μL
10% APS	30 μL	75 μL	75 μL	75 μL
TEMED	3 μL	6 μL	6 μL	6 μL

（2）5× 蛋白质电泳缓冲液：称取 94 g 甘氨酸，15.1 g Tris 碱和 5 g SDS，加 800 mL 双蒸

水彻底溶解后定容到1 000 mL。使用前用双蒸水稀释5倍。

（3）PBS：称取8 g NaCl，0.2 g KCl，3.58 g $Na_2HPO_4 \cdot 12H_2O$，0.24 g KH_2PO_4，加800 mL的Milli-Q去离子水溶解（pH 7.4），定容至1 000 mL。高温或过滤除菌，4℃储存。

（4）RIPA细胞裂解液：称取0.79 g Tris碱，0.9 g NaCl，溶于75 mL双蒸水中，用盐酸调pH至7.4。继续加入10 mL 10%的NP-40，2.5 mL 100 g/L脱氧胆酸钠，10 mL 10% Triton X-100，1 mL 100 mmol/L的EDTA，定容至100 mL。分装后4℃储存。使用前加入蛋白酶抑制剂。

（5）10×Bradford储存液：称取0.1 g考马斯亮蓝G-250，溶于50 mL 95%乙醇中，加100 mL 85%的磷酸，混匀后加入去离子水至200 mL，过滤后4℃保存。使用前用双蒸水稀释10倍。

（6）0.5 mg/mL牛血清白蛋白标准品：吸取商品化5 mg/mL牛血清白蛋白（BSA）100 μL，加入900 μL PBS后混匀。

（7）2×SDS蛋白上样缓冲液：量取10 mL的1 mol/L Tris-HCl（pH 6.8），40 mL的10% SDS，40 mL的50%甘油，5 mL的β-巯基乙醇，加入0.1 g溴酚蓝，混匀后定容至100 mL。

（8）10×转膜缓冲液：称取144 g甘氨酸，30.3 g Tris碱，800 mL双蒸水彻底溶解后定容到1 000 mL。使用前，取10 mL母液，加入60 mL双蒸水稀释后，加入20 mL甲醇，再加双蒸水定容到100 mL。预冷后使用更佳。

（9）10×TBS：称取80 g NaCl，24.2 g Tris碱，加800 mL的双蒸水彻底溶解，用盐酸调节pH至7.6，最后加双蒸水定容至1 000 mL。

（10）TBST：量取100 mL的10×TBS，加入900 mL的双蒸水以及2 mL的Tween-20，搅拌均匀后使用。

（11）封闭液：称取5 g脱脂奶粉，溶解在100 mL的TBST中。

3. 其他试剂

蛋白酶抑制剂，预染蛋白质标记，NC膜，抗EGFP第一抗体（兔源），抗兔IgG的第二抗体，ECL（enhanced chemiluminescence）试剂。

五、实验步骤

1. 哺乳动物细胞总蛋白质的提取

（1）分别收集1×10^6个携带*EGFP*报告基因的SK-Hep1细胞及1×10^6个野生型SK-Hep1细胞至2个1 mL的Eppendorf管内。

（2）1 000 r/min离心5 min，弃去细胞悬液中的培养基。向细胞沉淀内加入1 mL PBS溶液进行洗涤，再1 000 r/min离心5 min，弃上清液。

（3）加入200 μL/EP RIPA裂解液（说明：由于蛋白酶抑制剂有较强毒性，在目的蛋白丰度较高且不易降解的情况下可以不加），反复吹打使细胞团块裂解充分。置于冰盒内，放在水平摇床上孵育15 min。

（4）4℃ 12 000 r/min离心10 min，小心取出Eppendorf管，管底可见细胞碎片。将上清液转移到干净的Eppendorf管中，置于冰上待用。

（5）将细胞裂解上清液和BSA标准品稀释后与Bradford染料混合。

组分	上清液			BSA（0.5 mg/mL）								
样品 /μL	2	5	20	0	1	2	4	8	12	16	20
PBS/μL	18	15	0	20	19	18	16	12	8	4	0
1 × Bradford/μL	200	200	200	200	200	200	200	200	200	200	200

（6）酶标仪检测 OD_{595}，根据标准曲线计算上清液中的蛋白质浓度。注意上清液蛋白质的吸光度数值需要落在标准曲线内，应从 3 个稀释度中选择有效读数进行计算。

（7）在剩余上清液中加入相等体积的 2 × SDS 蛋白质上样缓冲液，混合均匀后煮沸 5 min，彻底变性。煮沸后置于冰上片刻，使样品迅速降温。

（8）常温快速离心后备用。

2. Western 印迹法

（1）清洗灌胶用的玻璃板、梳齿，用乙醇擦拭玻璃板内表面以去除有机污物，晾干备用。

（2）将玻璃板固定于制胶架上，注意确认玻璃板的底部水平，防止漏胶。

（3）按照前述的配方配制 10% 的 SDS-PAGE 胶一块。

（4）配制电泳缓冲液，将制好的胶安装至垂直电泳槽内。

（5）拔去胶内的梳齿，按下表顺序上样（注意，如果细胞 1 和细胞 2 的蛋白质浓度相差较大，使得上样体积悬殊，应用 1 × SDS 蛋白质上样缓冲液补齐相差体积，但总体积不应超过 25 μL，即加样孔的一般容积）。

泳道	1	2	3	4	5	6	7	8	9	10
样品	—	—	细胞 1	细胞 2	标记	细胞 2	细胞 1	—	—	—
上样量	—	—	20 μg	20 μg	5 μL	20 μg	20 μg	—	—	—

（6）80 V 跑浓缩胶，约 30 min。120 V 跑分离胶，至溴酚蓝前沿跑出胶后停止电泳。

（7）在电泳即将结束时准备转膜缓冲液，100 mL/ 组。取 1 张 NC 膜，2 叠滤纸（各 3 张）先浸于转膜缓冲液中。按照阳极 – 滤纸 –NC 膜 –PAGE 胶 – 滤纸 – 阴极的顺序安放，避免气泡。15 V 恒压转膜 20 min。

（8）转膜结束后，取出 NC 膜。将膜放入预先准备的封闭液中，置于摇床上孵育 30 min。

（9）封闭结束后，用 TBST 液洗膜 1 次，时间 5 min。从膜中央沿标记将膜剪开，膜一分为二。将一张膜放入含抗 EGFP 第一抗体的小格，另一张膜放入抗 ACTB 第一抗体的小格，分别做好标记。置于水平摇床上，室温下杂交 1 h。一抗杂交结束后将膜取出，放在平皿中，用 TBST 洗膜 4 次，5 min/ 次。

（10）洗涤结束后，将两张膜放入加有二抗的抗体孵育槽中，已和 EGFP 第一抗体孵育的膜应放入抗兔的第二抗体中，已和 ACTB 第一抗体孵育的膜应放入抗鼠的第二抗体中，置于水平摇床上，室温下杂交 30 min。

（11）二抗杂交结束后将膜取出，放在平皿中，用 TBST 洗膜 4 次，5 min/ 次。

（12）洗涤结束后，将膜平铺于保鲜膜中，蛋白质面向上，将显色底物均匀滴加到膜表面，孵育 1 min 左右，弃去显色底物，然后在化学发光仪上读取信号。

（13）分析不同细胞材料中 EGFP 蛋白的分布情况。

六、实验结果

1. 根据标准品的 OD_{595} 读数绘制标准曲线，通过 r 值评价线性关系，并通过曲线计算抽提得到的样品的蛋白质浓度。

2. 拍摄化学发光照片（图 31-2）。实验中采用的是 HRP 标记的二抗和 ECL 化学发光法，二抗耦联的 HRP 在 H_2O_2 存在的条件下，氧化化学发光物质鲁米诺，使其发生氧化降解反应并发射荧光，通过探头扫描或使照相底片上感光检测出发光信号。记录两株细胞中的蛋白质分析结果，填写下表：

目的蛋白	细胞 1	细胞 2
β- 肌动蛋白		
EGFP		

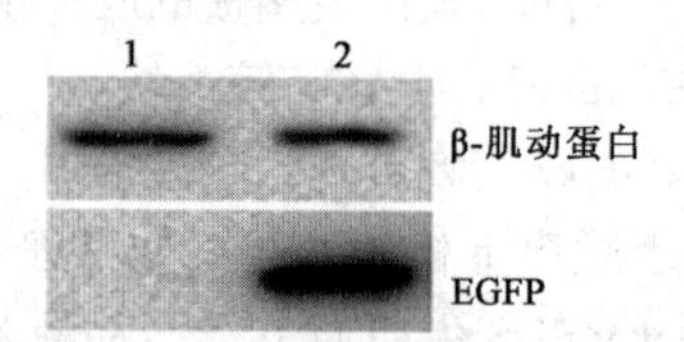

图 31-2　*EGFP* 报告基因和管家基因的表达检测

1 号泳道是野生型 SK-Hep1 细胞的裂解液；2 号泳道是携带 *EGFP* 报告基因的 SK-Hep1 细胞的裂解液

分析实验结果，细胞 1 和细胞 2 都应有管家基因 *ACTB* 的蛋白产物 β- 肌动蛋白，因为该基因在全部细胞中广谱表达，但有且仅有细胞 2 能够检测到报告基因 *EGFP* 的蛋白产物，因为仅有携带 *EGFP* 基因的 SK-Hep1 细胞能够表达该报告基因。

七、思考题

1. Western 印迹法实验中脱脂奶粉封闭的目的是什么？

2. 在检测哺乳动物细胞中报告基因的表达时，如何选择反转录 PCR 和 Western 印迹法两种实验方法？

参考文献

Towbin H，Staehelin T，Gordon J.Electrophoretic transfer of proteins from polyacrylamide gels to nitrocellulose sheets：procedure and some applications. Proc Natl Acad Sci USA，1979，76（9）：4 350-4 354.

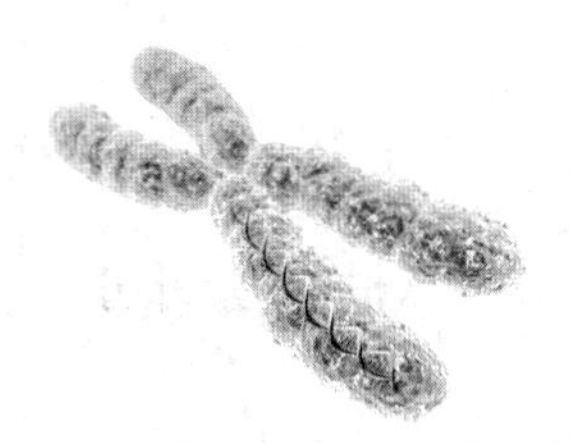

实验 32

外源基因的 Southern 印迹法检测分析

一、实验原理

鉴定转基因植物的第一步，就是要确定被转的外源基因是否已经稳定地整合到了受体植株的基因组中，然后再进一步评估有多少个转基因拷贝，以及每个转基因的表达水平如何。在转化过程中，外源 DNA 随机插入植物基因组内，插入的拷贝数和位点都不固定。通常外源基因插入的拷贝数低（1 或 2 个），能在基因组中较好地表达；插入的拷贝数多，则会导致该基因表达不稳定，甚至出现基因沉默现象。因此，检测转基因植株中外源基因的拷贝数是研究其分子特性的基础步骤之一。

Southern 印迹法（Southern blot）是由英国生物学家 Edwin Southern 于 1975 年发明的一种 DNA 印迹转移技术。其原理是将限制性内切酶消化后的 DNA 片段进行琼脂糖凝胶电泳后，变性处理，然后在高盐缓冲液中通过毛细作用，将凝胶中的 DNA 片段转移到尼龙膜等固相上，再与标记的探针杂交，检测与探针具有同源性的 DNA 片段。

后来，Sambrook 等对 Southern 印迹法技术进行了改进，使该技术在转基因植株检测中得到了广泛应用，被认为是筛选阳性转基因植株最为可靠、稳定的方法。在目的基因附近选择一具有单酶切位点的限制性内切酶对基因组 DNA 进行酶切，然后用标记的目的基因片段作为探针与消化的基因组 DNA 进行杂交。包含目的基因的基因组片段与探针具有同源性，可发生同源重组，从而显示出杂交信号，进行后续转基因植株中插入外源基因拷贝数的分析。

二、实验目的

1. 了解 Southern 印迹法的基本原理。
2. 学习用 Southern 印迹法技术检测外源基因的整合。

三、实验材料

带有外源基因的转基因水稻植株 OsINO80（1–6）和非转基因的野生型水稻 Os（*Oryza sativa*）；植物转化的双元表达载体 pHB-INO8，带有潮霉素（hygromycin B）抗性基因，为复旦大学生命科学学院实验中心构建。

四、实验器具和试剂

1. 器具

研钵，Eppendorf管，离心机，烘箱，微量移液器，电泳仪（包括平板电泳槽），紫外分光光度仪，凝胶成像仪，杂交炉等。

2. 试剂

（1）CTAB缓冲液：称取20 mg十六烷基三甲基溴化铵（hexadecyltrimethylammonium bromide，CTAB），30 mg聚乙烯吡咯烷酮（polyvinylpyrrolidone，PVP），12.1 g三羟甲基氨基甲烷［tris（hydroxymethyl）aminomethane，Tris］，7.2 g乙二胺四乙酸（ethylene diamine tetraacetic acid，EDTA），81.9 g NaCl，溶解于800 mL去离子水中，用盐酸调节pH至8.0，用去离子水定容至1 000 mL，灭菌后室温保存。

（2）变性液/碱性转移缓冲液（应用于带正电荷尼龙膜的碱性转移）：称取16 g NaOH和58.5 g NaCl，充分溶解于800 mL双蒸水中，定容至1 000 mL，配制成2× 的母液，使用时稀释一倍。分装后高压灭菌。

（3）中和缓冲溶液Ⅱ（只用于碱性转移）：称取60.5 g Tris，175.5 g NaCl，充分溶解于800 mL双蒸水中，用14 mol/L HCl调节PH至7.5，定容至1 000 mL。分装后高压灭菌。

（4）20×SSC：称取175.3 g NaCl和88.2 g柠檬酸钠，充分溶解于800 mL双蒸水中，加入适量14 mol/L HCl调节pH至7.0，定容至1 000 mL。分装后高压灭菌。

（5）100 g/L SDS：称取10 g SDS于80 mL双蒸水中，在68℃条件下充分溶解，定容至100 mL，室温保存。

（6）500 g/L硫酸葡聚糖：称取5 g硫酸葡聚糖，充分溶解于8 mL无菌双蒸水中，定容至10 mL。

（7）预杂交液：取5 ml 20×SSC，200 μL 100 g/L SDS，2 mL 500 g/L硫酸葡聚糖，1 mL液体封闭剂（探针标记试剂盒中自带），无菌蒸馏水定容至20 mL，配制成预杂交液。

（8）洗脱液Ⅰ：取1 mL 20×SSC，2 mL 100 g/L SDS，用无菌蒸馏水定容至200 mL。

（9）洗脱液Ⅱ：取5 mL 200 g/L SDS，2 mL 100 g/L SDS，用无菌蒸馏水定容至200 mL。

（10）缓冲液A：称量12.1 g Tris，17.6 g NaCl，充分溶解于800 mL无菌蒸馏水中，用14 mol/L的HCl调节pH至9.5，定容至1 000 mL。

（11）探针标记引物：

引物名称	序列
HPT-F	5′-CTGAACTCACCGCGACGTCTGTC-3′
HPT-R	5′-TAGCGCGTCTGCTGCTCCATACA-3′

3. 其他试剂

探针标记试剂盒（DIG High Primer DNA Labeling and Detection Starter Kit）。

五、实验步骤

1. 基因组DNA提取

采用改进的CTAB法提取基因组DNA。

（1）向 2 mL 离心管中加入 0.5 mL CTAB 法植物总 DNA 抽提缓冲液及终浓度为 2% 的 β-巯基乙醇，65℃预热。

（2）取 100 mg 叶片放在研钵中，加液氮研磨成粉末（反复多次），迅速用转入预热的 CTAB 缓冲液中，迅速混匀。

（3）65℃水浴 2 h，中途间隔（轻柔）振荡 5 次，混匀。

（4）冷却后加入 0.5 mL 苯酚（Tris 平衡，pH 8.0）：氯仿：异戊醇（体积比 25：24：1），轻柔颠倒混匀，使乳化 10 min。

（5）12 000 r/min 常温离心 10 min，取上清液，重复一次。

（6）取上清液，加入 2 倍体积 -20℃预冷的无水乙醇，颠倒混匀，-20℃放置 30 min。

（7）用枪口剪大的 1 mL 吸头吸出 DNA 沉淀，转入盛有 1 mL 75% 乙醇的 1.5 mL Eppendorf 管中。

（8）在 75% 乙醇中漂洗 DNA 数次，无水乙醇漂洗 2 次。

（9）沉淀于室温干燥后用 200 μL 灭菌双蒸水溶解沉淀，同时加入 5 μg 无 DNase 的 RNase A。

（10）65℃水解 RNA 30 min 以上。

（11）吸取上清液，加入 400 μL 氯仿：异戊醇（体积比 24：1），轻轻颠倒混匀 10 min。

（12）12 000 r/min 常温离心 10 min。

（13）吸取上清液，并加入 2 倍体积 -20℃预冷的无水乙醇，颠倒混匀，-20℃放置 30 min。

（14）12 000 r/min 常温离心 2 min。

（15）弃上清液，沉淀用 75% 乙醇漂洗 3 次。

（16）室温干燥沉淀，溶入 50 μL 灭菌双蒸水。

（17）电泳及分光光度计检测，OD_{260}/OD_{280} 一般要求在 1.6 以上可用。

2. Southern 印迹法分析

（1）凝胶电泳

① 10 μg 基因组 DNA 加入 0.8 μL 的核酸内切酶 *Hin*d Ⅲ（80 U/μL），总体积 25 μL，37℃消化过夜。

② 配置 0.8% 琼脂糖凝胶，将消化后基因组上样，电泳。

③ 用 100 V 电压电泳，至溴酚蓝跑出点样孔后于 1 V/cm 下电泳 12 h 左右，至溴酚蓝迁移至凝胶的 3/5 距离。

④ 电泳结束后取出凝胶，切去多余的胶体，使加样孔端朝下，切去左上角作为凝胶方位的标记，用水冲洗 2～3 次。

（2）DNA 的变性、转膜

① 将凝胶浸入数倍体积的碱性转移缓冲溶液中，置于室温摇床上轻微振荡 15 min。更换一次碱性缓冲溶液，继续震荡 20 min。

② 弃去变性液，加入中和液，15 min。

③ 切一张每边比凝胶大 1 mm 的尼龙膜，并剪两张同样大小的厚吸水纸。（注意：需带一次性 PE 手套和钝头镊子，沾有油污的膜不易浸湿。）

④ 将膜在去离子水中完全浸湿后，然后在转移缓冲液中浸润至少 5 min，用干净的解剖

刀切下膜的一角，与凝胶所切下的角方向一致。（注意：膜的浸湿完全与否，对 DNA 的转移至关重要。）

⑤ 将一张厚的吸水纸放在一块大玻璃板上，形成比凝胶长且宽的支持物。将支持物放入一个大的培养皿中，吸水纸两端从板边缘垂下。

⑥ 培养皿中加入适当的转移缓冲液，当支持物上的吸水纸完全浸湿后，用玻璃棒赶走吸水纸下的气泡。

⑦ 将凝胶从变性液 / 碱性缓冲液中取出，倒转，使原来的底面向上。放在支持物上，并位于吸水纸中央。用玻璃棒赶走凝胶与吸水纸间的气泡。

⑧ 用 Parafilm 膜包绕凝胶四周，不要覆盖凝胶，以屏蔽转移缓冲液从凝胶周围短路流入吸水纸。

⑨ 用适当的转移缓冲溶液将凝胶湿润。将湿润的尼龙膜放置于凝胶上，并使两者的切角相重叠。为避免产生气泡，当先使膜的一角与凝胶接触，再缓慢地将膜放到凝胶上。膜的一边应恰好超过凝胶上部加样孔一线的边缘。膜一旦放在凝胶上，就不要再移动了。

⑩ 在尼龙膜上放置两张与膜大小相同的吸水纸，切一叠略小于吸水纸的纸巾（5 ~ 8 cm 高），将纸巾放在吸水纸之上，在纸巾顶部放一块玻璃板，然后用一 400 g 左右重物压实（图 32–1）。

⑪ 转移 8 ~ 24 h，当纸巾湿润后更换新的纸巾。

⑫ 除去凝胶上的纸巾和吸水纸，翻转凝胶以及与之接触的尼龙膜，凝胶向上平放于干燥的吸水纸上。用极软的铅笔或圆珠笔在尼龙膜上标记加样孔的位置。

⑬ 将凝胶从膜上剥离，弃去凝胶。

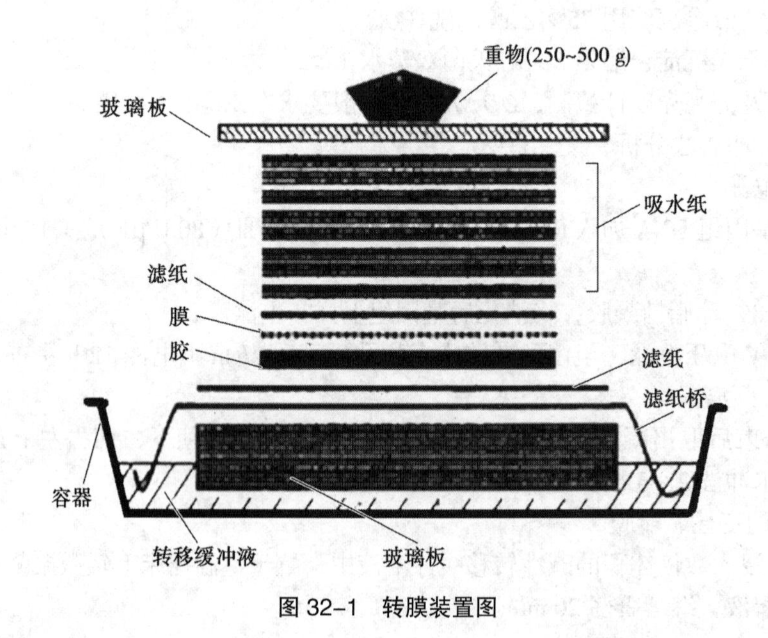

图 32–1　转膜装置图

（3）DNA 的固定

① 将膜浸入 2 × SSC 溶液，室温漂洗 5 min，以除去黏附在膜上的凝胶碎片。

② 将膜取出，并使多余的液体流净，放在纸巾上室温晾干 30 min。

③ 将膜夹在两张干燥的吸水纸中间，真空炉中 80℃烘烤 2 h。

（4）探针的标记

① 将 20 μL DNA 样品（质粒，50 ng）在沸水中煮沸 5 min，迅速置于冰上。

② 按以下顺序向 1.5 mL Eppendorf 管中加入以下试剂：

探针标记体系	50 μL 体系
水	14 μL
核苷酸混合物	10 μL
引物	5.0 μL
变性 DNA	20 μL（50 ng）
Klenow 聚合酶（5 U/μL）	1.0 μL

③ 将以上混合物轻轻混匀，甩到管底。

④ 37℃保温 1 h。

（5）预杂交、杂交和洗膜

① 准备预杂交液，加热并用磁力搅拌器搅拌，将混合物混匀。

② 将杂交液在 60℃预热，将膜在同样温度下预杂交至少 30 min。

③ 将标记好的探针在沸水中煮沸 5 min，迅速置于冰上。

④ 将探针稍微离心至管底，然后加入到杂交液中（避免将探针直接加到膜上），混匀。

⑤ 60℃杂交过夜。

⑥ 准备洗脱液 Ⅰ，并将其预热至 60℃。

⑦ 将过夜杂交的杂交液从杂交管中倒出，加入预热的第一轮洗脱液，洗膜 15 min。

⑧ 以同样方式在 60℃以洗脱液 Ⅱ 洗膜 15 min。

（6）膜的封闭、抗体孵育和膜的洗涤

① 洗膜完毕后，以缓冲液 A 将液体封闭剂稀释 10 倍，在大培养皿中以此溶液（0.75 ~ 1.0 mL/cm^2）封闭膜 1 h。

② 以新鲜配制的缓冲液 A 将抗荧光素 AP 标记物（anti-fluorescein-AP conjugate）稀释 5 000 倍，以此混合液（0.3 mL/cm^2）在室温孵育杂交膜 1 h。

③ 用缓冲液 A 配制 0.3% Tween 20。以此混合液（2 ~ 5 mL/cm^2）洗膜 3 × 10 min。

（7）信号检测

① 将膜上多余溶液除净，置于一个干净的培养皿中（在此过程中膜不要干燥）。

② 用移液器向膜上加 2 mL 检测液（30 ~ 40 μL/cm^2），室温放置 2 ~ 3 min。

③ 除去多余液体，将膜包进 SaranWrap。

④ 放进暗盒，曝光 1 h 或更长时间。

⑤ 显影、定影与信号观察。

六、实验结果

根据显影结果判断所给转基因植株外源基因插入的拷贝数。显影结果如图 32-2。

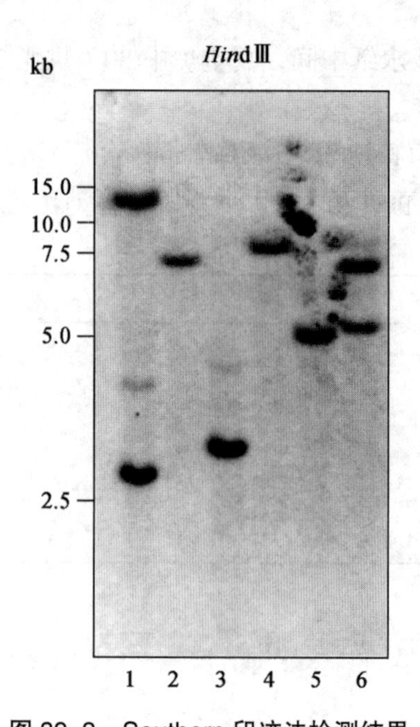

图 32-2　Southern 印迹法检测结果

第 2，4，5 泳道为单拷贝插入；第 3，6 为两拷贝插入；第 1 泳道为三拷贝插入

七、思考题

1. 简述 Southern 印迹法判断外源基因插入拷贝数的原理。
2. 如果所选内切酶在探针序列中有一个酶切位点，怎样判定外源基因的拷贝数？
3. 预杂交的目的是什么？

参考文献

1. Southern E M.Detection of specific sequences among DNA fragments separated by gel electrophoresis. Journal of Molecular Biology，1975，98（3）：503–517.

2. Shimamoto K，Erada R T，Lzawa T，*et al.* Fertile transgenic rice plants generated from transformed protoplast. Nature，1986，72：770–777.

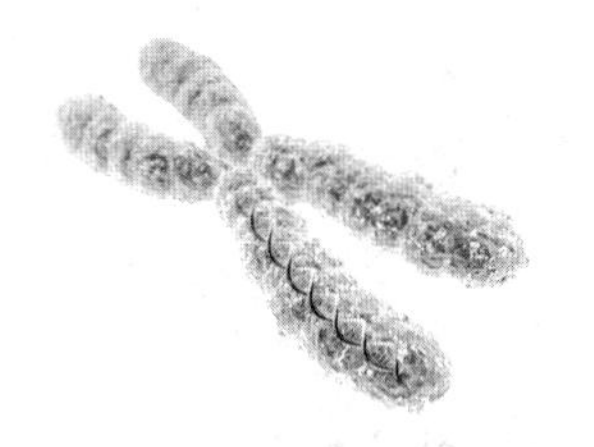

实验 33

拟南芥 T-DNA 插入突变纯合体的鉴定分析

一、实验原理

反向遗传学是相对于经典遗传学而言的。经典遗传学是从生物的性状、表型到遗传物质来研究生命的发生与发展规律。反向遗传学则是在获得生物体基因组全部序列的基础上，通过对靶基因进行必要的加工和修饰，如定点突变、基因插入 / 缺失、基因置换等，再按组成顺序构建含生物体必需元件的修饰基因组，让其装配出具有生命活性的个体，研究生物体基因组的结构与功能，以及这些修饰可能对生物体的表型、性状有何种影响等方面的内容。与之相关的研究技术称为反向遗传学技术。

T-DNA 插入突变技术是反向遗传学研究的重要手段之一。T-DNA 是根癌农杆菌 Ti 质粒上的一段 DNA 序列，它能稳定地整合到植物基因组中并稳定地表达。

T-DNA 在植物中一般都以低拷贝插入，多为单拷贝。单拷贝 T-DNA 一旦整合到植物基因组中，就会表现出孟德尔遗传特性，在后代中长期稳定表达，且插入后不再移动，便于保存。近年来，借助于农杆菌介导的遗传转化技术，T-DNA 插入技术已被广泛应用于拟南芥等模式植物的突变体库构建中。以 T-DNA 作为插入元件，不但能破坏插入位点基因的功能，而且能通过插入产生的功能缺失突变体的表型及生化特征的变化，为该基因的研究提供有用的线索。由于插入的 T-DNA 序列是已知的，因此可以通过已知的外源基因序列，利用反 TAIL-PCR、质粒挽救等方法对突变基因进行克隆和序列分析，并对比突变的表型研究基因的功能。还可以利用扩增出的插入位点的侧翼序列，建立侧翼序列数据库，对基因进行更全面的分析。由此可见，T-DNA 插入标签技术已成为发现新基因、鉴定基因功能的一种重要手段。

二、实验目的

1. 熟练掌握植物基因组 DNA 快速提取的方法。
2. 掌握利用 PCR 方法鉴定拟南芥 T-DNA 插入突变体的方法。

三、实验材料

野生型拟南芥（*Arabidopsis thaliana*）；突变体拟南芥 SALK_058918（SALK 编号），为 *AT1G34110* 基因 T-DNA 插入突变型植株 L，从 http://www.arabidopsis.org/ 网站购买。

四、实验器具和试剂

1. 用具

离心机，烘箱，移液器，PCR仪，电泳槽，紫外线仪等。

2. 试剂

（1）Edward缓冲液：取2.5 mL 0.5 mol/L EDTA，2.5 mL 5 mol/L NaCl，10 mL 1 mol/L Tris-HCl（pH 8.0），2.5 mL 100 g/L SDS，用双蒸水定容至50 mL。

（2）0.5 mol/L EDTA：称取146.12 g EDTA，充分溶解于800 mL双蒸水中，定容至1 000 mL。

（3）5 mol/L NaCl：称取292.5 g NaCl，充分溶解于800 mL双蒸水中，定容至1 000 mL。

（4）1 mol/L Tris-HCl（pH 8.0）：称取121.1 g Tris，充分溶解于800 mL双蒸水中，用14 mol/L的HCl调节pH至8.0，定容至1 000 mL。

（5）用于突变体鉴定的引物：

引物名称	序列
LP	5′-CCCACCAATCATTTCAACAAC-3′
LBa（LBb）	5′-TGGTTCACGTAGTGGGCCATCG-3′
RP	5′-TGAGGTTTCCAATTTGTGAGG-3′

3. 其他试剂

DNA上样缓冲液（含安全核酸染料），DNA标记，*Taq* DNA聚合酶及缓冲液，dNTP，异丙醇，乙醇。

五、实验说明

用于研究植物的基因功能，常用手段就是利用T-DNA插入突变体技术获得目的基因敲除突变体，再通过筛选出的纯合突变体，研究目的基因的功能，因此对拟南芥突变体的筛选和分析变得日益重要。

拟南芥是一种十字花科植物，广泛用于植物遗传学、发育生物学和分子生物学的研究，已成为一种典型的模式植物，其原因主要基于该植物具有以下特点：①植株形态个体小，高度只有30 cm左右，一个茶杯可种植好几棵；②生长周期快，每代时间短，从播种到收获种子一般只需6周左右；③自花授粉，有助于遗传试验的人工控制；④种子多，每株每代可产生数千粒种子；⑤形态特征简单，生命力强，用普通培养基就可作人工培养；⑥基因组小，只有5对染色体。

六、实验步骤

1. 突变体的获得

获得目的基因T-DNA插入突变体，从网站http://signal.salk.edu中查找，尽量选择插入外显子和靠近第一个外显子的T-DNA突变体。突变体可在http://www.arabidopsis.org/网站上购买。

2. 获得用于突变体鉴定的引物序列

打开网址 http://signal.salk.edu/tdnaprimers.2.html，输入 T-DNA 突变体编号。

3. 拟南芥基因组 DNA 的快速提取

（1）取一片拟南芥叶片，置于 1.5 mL 离心管中，加入 500 μL Edward 缓冲液。

（2）用研磨棒研磨叶片，直至缓冲液变为绿色。

（3）在台式离心机上 13 000 r/min 离心 5 min。

（4）离心后将上清液转移至一个新的 1.5 mL 离心管中。

（5）在上清液中加入 500 μL 异丙醇，混匀后于室温下 13 000 r/min 离心 5 min。

（6）弃上清液后，用 70% 乙醇润洗沉淀，并在室温下干燥沉淀。

（7）50 μL TE 溶解沉淀，将制备好的样品在 4℃保存备用。

此方法提取的基因组 DNA 只适用于 PCR 的鉴定，不适合酶切和大片段基因的扩增。

4. PCR 扩增 DNA 片段

（1）参照下面标准配置体系：

组分	Ⅰ组（20 μL）	Ⅱ组（20 μL）
Milli-Q 去离子水	13 μL	13 μL
10 × PCR *Taq* 缓冲液	2 μL	2 μL
dNTP（10 mmol/L）	0.5 μL	0.5 μL
正向引物（10 μmol/L）	1 μL（LP）	1 μL（LBa/LBb）
RP（10 μmol/L）	1 μL	1 μL
Taq DNA 聚合酶	0.5 μL	0.5 μL
模板 DNA	2 μL	2 μL

（2）开始反应前尽量使 PCR 管保持在冰上。

（3）轻弹管壁，混匀溶液。

（4）瞬时离心，使管壁上的液滴落下。

（5）按照以下程序进行 PCR 反应：94℃，5 min；35 个循环（94℃，30 s；55℃，30 s；72℃，90 s）；72℃，10 min。

（6）用 1 × TAE 电泳缓冲液配制 1% 琼脂糖电泳凝胶。

（7）取 10 μL PCR 产物，加适量 6 × 上样缓冲液，混匀，各自加入凝胶样孔，并加入 DNA 相对分子质量标记（DNA ladder），注意不要有气泡进入，120 V 电泳 30 min 左右。

（8）利用凝胶成像仪进行拍照，记录实验结果，分析样本基因型。

七、实验结果

LP 和 RP 是植物基因组上 T-DNA 插入位点两侧的引物，BP 是 T-DNA 区段上的引物（图 33-1）。经过 PCR，对于野生型植株，LP 和 RP 这对引物能扩增出相对分子质量较大的产物（大带）（图 33-2 的 3 号）；对于杂和突变体，LP 和 RP 能扩增出相对分子质量较大的产物（大带），BP 和 RP 还能扩增出相对分子质量较小的产物（小带）（图 33-2 的 1 号和 4 号）；对于纯合突变体，由于 T-DNA 的插入，致使 LP 和 RP 不能扩增出片段，只有 BP 和

RP 能扩增出相对分子质量较小的产物（小带）（图 33-2 的 2 号和 5 号）。

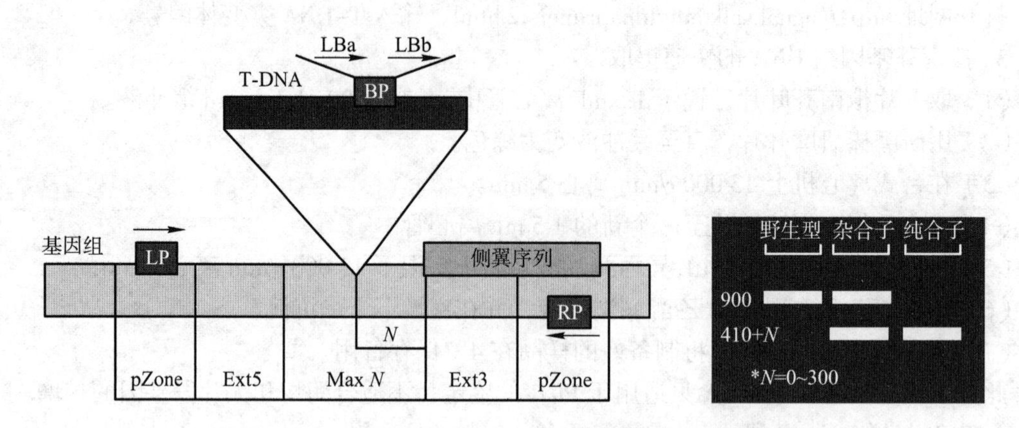

图 33-1　T-DNA 插入突变 PCR 鉴定原理与电泳预期结果

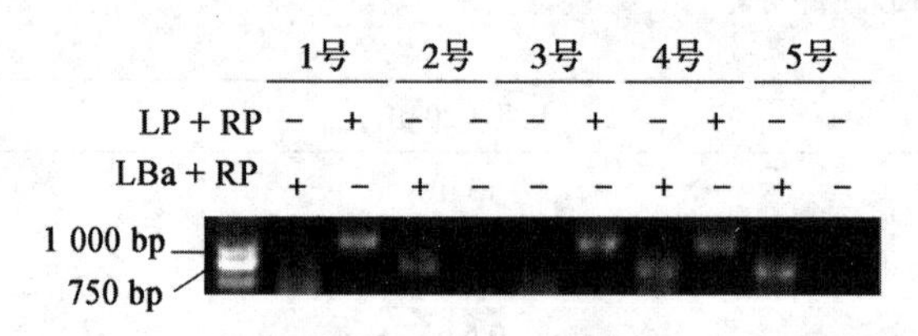

图 33-2　电泳结果图

3 号为野生型植株；1 号和 4 号为杂合突变体植株；2 号和 5 号为纯合突变体植株

八、思考题

1. 试述 T-DNA 插入标签技术的优越性。
2. 如果 T-DNA 插入方向与图 33-1 相反，鉴定时应怎样选取引物组合？

参考文献

赵霞，周波，李玉花 .T-DNA 插入突变在植物功能基因组学中的应用 . 生物技术通讯，2009，11.

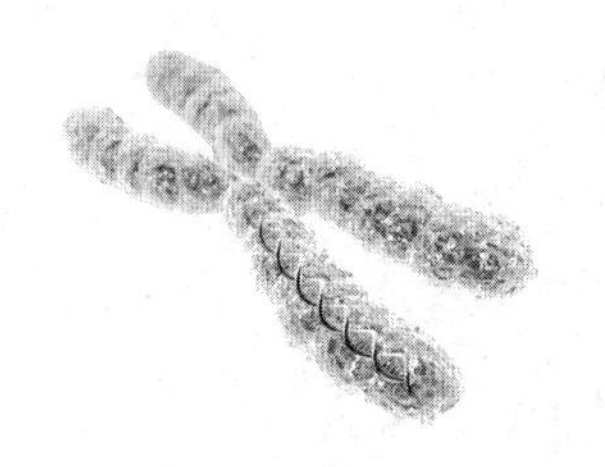

实验 34

化学合成双链小 RNA 干扰绿色荧光蛋白表达的遗传分析

一、实验原理

近年来，基于非编码 RNA 对于基因表达调控的研究取得了很大进展。其中，基于小干扰 RNA（small interfering RNA，siRNA）的 RNA 干扰作用（RNA interference）被广泛运用到基因功能的研究中，被称为基因功能研究手段的一场革命。RNA 干扰是指由双链 RNA（double strand RNA，dsRNA）介导，能够特异性地降解相应序列的 mRNA，从而阻断该基因的表达，是一种转录后的调控机制。这种调控方式最初认为是在少数植物中存在的奇异现象，如今却是分子生物学最热门的研究领域之一，已经证明在植物和动物中广泛存在。（RNA 干扰技术及其原理详见网上资源“视频 34-1”）

双链 RNA 一般大于 200 bp，广泛适用于研究低等真核生物如线虫、果蝇和植物中基因表达的抑制。首先，双链 RNA 被一种称为 Dicer 的类 RNase Ⅲ酶加工成为 20 ~ 25 bp 的 siRNA；然后 siRNA 被组装到一种含有核糖核酸酶的蛋白复合体，即 RNA 诱导的基因沉默复合体（RNA-induced silencing complex，RISC）上，同时发生解旋，正义链被降解而反义链被保留。这时候的 RISC 成为活化状态，在反义链小 RNA 的引导下与靶 mRNA 结合，并将 mRNA 切割降解，从而抑制基因的表达（图 34-1）。

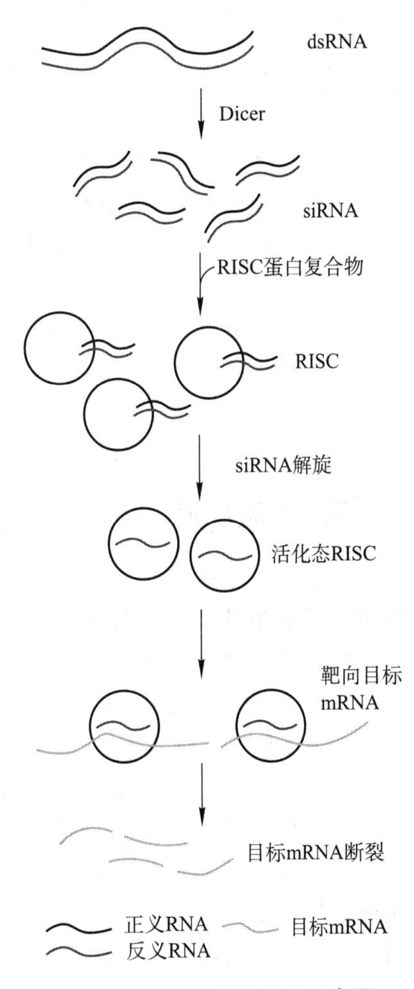

图 34-1　RNA 干扰原理示意图

2001 年，Tuschl 等发现直接将 siRNA 导入体外培养的哺乳动物细胞，可以诱导靶基因 mRNA 的序列特异性抑制而不会引发抗病毒反应。利用 siRNA 研究哺乳动物基因功能加速了各种生物化学和生物研究领域中的全基因组水平研究。

本实验选择绿色荧光蛋白为靶基因，通过转染导入人 HEK293 细胞。该基因的表达产物在荧光激发下呈现绿色，检测方便。

二、实验目的

1. 了解化学合成双链小 RNA 抑制基因表达和细胞转染的基本原理。
2. 学习细胞转染的基本操作方法。

三、实验材料

HEK293 细胞：来自人肾上皮细胞系，转染效率高，是常用的哺乳动物细胞。

四、实验器具和试剂

1. 用具

制冰机，倒置荧光显微镜，超净工作台，酒精灯，酒精棉球，移液枪（10 μL ~ 1 000 μL），移液管，离心管，吸头，乳胶手套，口罩。

2. 试剂

（1）75% 乙醇：量取 75 mL 无水乙醇，于 25 mL 蒸馏水中，配制成 100 mL 75% 的乙醇，用于制作酒精棉球。

（2）pEGFP-C1 表达质粒：带有绿色荧光蛋白的编码基因。

（3）siRNA-GFP22：靶向绿色荧光蛋白的实验组 siRNA。其序列为：

正义链：5′-GCAAGCUGACCCUGAAGUUCTT-3′

反义链：5′-GAACUUCAGGGUCAGCUUGCTT-3′

（4）siRNA-NS 序列：没有基因消减作用的阴性对照 siRNA。其序列为：

正义链：5′-UUCUCCGAACGUGUCACGUTT-3′

反义链：5′-ACGUGACACGUUCGGAGAATT-3′

3. 其他试剂

含 10% 胎牛血清的 DMEM 培养液（Dulbecco’s Modifed Eagle Medium），Opti-MEM 低血清培养液，脂质体 2 000 转染试剂（Lipofectamine 2000），PBS，1× 通用缓冲液。

五、实验说明

在培养细胞中应用 siRNA 的关键取决于很多重要因素：靶序列设计；细胞株和细胞培养系统；转染条件；靶基因 mRNA 的丰度和代谢周期及其表达蛋白的半衰期。

通常在 siRNA 的设计上，一般正义链、反义链的 3′ 端均为突出端，两突出端对称，正义链、反义链各长 21 碱基，其核心序列为 19 碱基。以非变性凝胶电泳（PAGE）纯化双链 siRNA。为保证对靶基因表达的抑制，一般针对靶基因设计 3 个靶序列。研究证实，3 ~ 4 个靶点 siRNA 混合形成的 siRNA 混合物，可以有效提高对靶基因的抑制效果。

有多种方法可将化学合成的 siRNA 输送入体外培养细胞或进行体内实验。在细胞水平进行 siRNA 实验，一般采用体外转染方法，以脂质体和电穿孔为最常用。在优化条件下将阳离子脂质体试剂加入水中时，可以形成微小的单层脂质体（平均大小约 100 ~ 400 nm）。这些脂质体带正电，可以靠静电作用结合到 DNA 的磷酸骨架上以及带负电的细胞膜表面，然后被俘获的 DNA 被导入培养的细胞。

在细胞水平进行 RNA 干扰后，进行基因消减效率检测的方法除了荧光显微镜直接观察外，还可以利用其他方法，例如抽提 RNA，检测目的基因 mRNA 的表达是否有下降（具体方法见实验 30）；抽提蛋白质，检测目的基因蛋白质水平的表达是否有下降（具体方法见实验 31）；检测目的基因涉及的相关细胞表型是否有改变，如细胞凋亡、细胞增殖、细胞形态等等。

六、实验步骤

1. 冻存 HEK293 细胞的复苏

（1）将液氮罐中的冻存细胞取出，迅速置于 37℃水浴。

（2）冻存细胞全部融化后，立即用毛细滴管将其从冷冻管吸出，加入到含 10 mL 10% 胎牛血清 DMEM 培养液的离心管中，1 000 r/min 离心 5 min。弃培养液，加入 10 mL 10% 胎牛血清 DMEM 培养液重悬细胞并轻轻均匀打散，最后将细胞悬浮液转移至培养瓶中。

（3）第二天显微镜下观察细胞，如细胞生长良好，形态正常，则说明复苏成功。换新鲜培养液继续培养。

2. HEK293 细胞的传代培养及接种

（1）复苏后每天观察细胞，贴壁细胞形态正常，细胞连片率在 80% 以上时传代。

（2）超净工作台中，将贴壁细胞培养瓶中的培养液倒去。

（3）向贴壁细胞加适量 PBS，轻摇 5 次洗涤细胞生长面，然后将 PBS 倒去。

（4）向贴壁细胞加适量胰酶消化约 1 min，消化过程中可手持培养皿转动，使消化液充分接触培养皿，直至细胞完全消化下来。

（5）向贴壁细胞加含 10% 胎牛血清的 DMEM 培养液 10 mL，用刻度吸管吹打 10 次，将瓶壁的细胞冲下来，使细胞分散均匀。

（6）将贴壁细胞离心，倒去上清液，加入 DMEM 培养液 1 mL，用刻度吸管吸打细胞 10 次，以混匀细胞。

（7）分别按 10 倍、50 倍、100 倍稀释后，置血细胞计数板内计数。

（8）血细胞计数板计数，血细胞计数板的 4 个角有 16 个大分格，细胞计数时按照“数上不数下，数左不数右”的原则，计数 4 个角共 64 个大分格中的细胞总数。细胞密度（细胞数 /mL）=（细胞总数 /4）× 稀释倍数 ×10 000，三次计数结果取均数作为母液细胞密度。

（9）转染前一天接种细胞至 35 mm 培养皿，接种密度约为 5×10^5 个 /mL，37℃，5% CO_2，CO_2 培养箱中培养。次日待细胞生长至 60% ~ 80% 瓶底面积时，做转染试验。

（10）学生正式实验当天，检查 35 mm 培养皿中细胞生长情况，并换新鲜的细胞培养液。

3. siRNA 工作母液的配制及重退火

在 2.5 nmol 的双链 siRNA 中加入 125 μL 1× 通用缓冲液，得到浓度为 20 μmol/L 的 siRNA 母液。工作母液于室温静置 10 min 后，90℃保温 2 min，自然冷却至室温后置于 4℃过夜备用。一定时间不再使用的工作母液请于 −20℃保存，再次使用工作母液时无需重新退火。溶解后分装，避免反复冻融。

4. 用 Lipofectamine 2000 转染 siRNA

（1）转染实验分组设计，包括空白对照组、实验组和阴性对照组。

空白对照组只转染质粒 pEGFP-C1，检测正常转染情况下该质粒的表达情况；实验组转染 pEGFP-C1 以及实验组 siRNA，siRNA-GFP22；阴性对照组转染 pEGFP-C1 以及对照组

siRNA，siRNA–NS。挑选 3 皿合适密度和状态的 HEK293 进行实验。

（2）按照下表配制转染体系，每个实验组别需要配制反应管 A 和反应管 B。

组别		Opti–MEM	Lipo2000	pEGFP–C1（200 ng/μL）	siRNA–GFP22（20 μmol/L）	siRNA–NS（20 μmol/L）
空白对照组	管 A	250 μL		5 μL		
	管 B	250 μL	5 μL			
实验组	管 A	250 μL		5 μL	5 μL	
	管 B	250 μL	5 μL			
阴性对照组	管 A	250 μL		5 μL		5 μL
	管 B	250 μL	5 μL			

（3）分别混合空白对照组、阴性对照组和实验组的反应管 A 和反应管 B，轻轻颠倒混匀，不要振荡，室温下放置 20 min，以便形成 siRNA/pEGFP–C1 与 Lipofectamine 2000 的转染复合物。

（4）待混合液放置 18 min 时，将 35 mL 细胞培养皿中的培养液倒去，轻轻加入 1 mL 新鲜 DMEM 培养液，避免将贴壁细胞吹起。

（5）将空白对照组、阴性对照组和实验组混合后形成的复合物轻柔地滴加于细胞上。

（6）轻轻摇晃培养皿以混合转染液体与培养基，然后将细胞送入细胞培养箱继续培养。

（7）36 ~ 72 h 后利用倒置荧光显微镜进行实验观察。

七、实验结果

使用倒置荧光显微镜观察绿色荧光蛋白的表达变化情况（图 34–2），评价 siRNA–GFP22 对 GFP 表达的干扰效果。

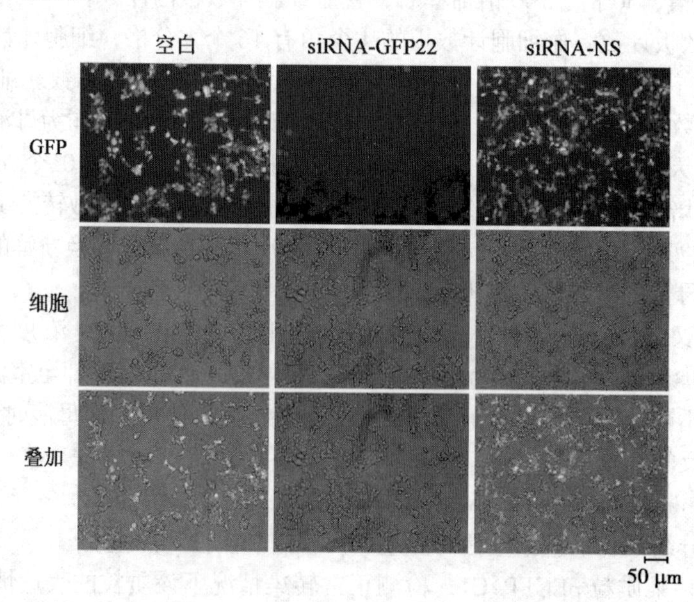

图 34–2　利用 siRNA 干扰 HEK293 细胞中 GFP 蛋白表达的实验照片

八、实验建议

1. 避免 RNA 酶污染：微量的 RNA 酶将导致 siRNA 实验失败。由于实验环境中 RNA 酶普遍存在，如皮肤、头发、所有徒手接触过的物品或暴露在空气中的物品等，保证此实验每个步骤不受 RNA 酶污染非常重要。进行 RNAi 实验时，严格注意防止 RNase 污染，注意操作中戴口罩、勤换手套，使用无 RNase 的吸头、离心管等。

2. 健康的细胞培养物和严格的操作确保转染的重复性：健康的细胞转染效率较高。有的 HEK293 细胞贴壁性能不是很好，加转染复合物时一定要轻柔，避免造成细胞从培养板上脱离。

九、思考题

1. 用 siRNA 抑制 *GFP* 基因表达时，为什么要有阴性 siRNA 作为对照？
2. 还有哪些方法可以使基因的表达失活？

参考文献

1. Ahlquist P. RNA-dependent RNA polymerases，viruses，and RNA silencing. Science，2002，296（5571）：1 270–1 273.

2. Zamore P，Tuschl T，Sharp P，*et al.* RNAi：double-stranded RNA directs the ATP-dependent cleavage of mRNA at 21 to 23 nucleotide intervals.Cell，2000，101（1）：25–33.

实验 35

利用 CRISPR/Cas9 系统进行靶向序列敲除的遗传分析

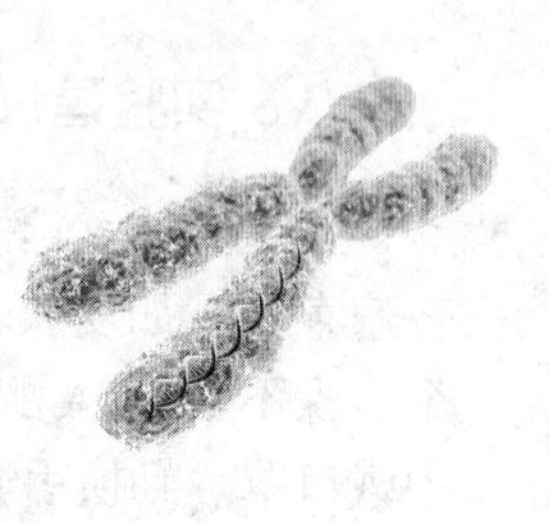

一、实验原理

CRISPR/Cas 技术，即成簇规律间隔短回文重复序列 / 成簇规律间隔短回文重复序列关联蛋白（clustered regularly interspaced short palindromic repeats/CRISPR–associated proteins，CRISPR/Cas）技术是一种由 RNA 指导 Cas 核酸酶对靶向基因进行特定 DNA 修饰的技术，是继 ZFN 和 TALEN 技术之后迅速发展起来的第 3 代基因组编辑技术。自 2012 年被发现以来，CRISPR/Cas 技术在基因工程领域有了越来越多的重要突破，且已成为最炙手可热的生物学研究工具之一，被 Science 杂志评为 2013 年度最重要的科学突破之一。（CRISPR/Cas9 基因编辑技术原理与应用详见网上资源“视频 35–1”）

目前 CRISPR/Cas 系统中的 II 型组成较为简单，以 Cas9 蛋白以及向导 RNA（gRNA）为核心组成，也是目前研究的最深入透彻，且最常用的类型，被广泛应用于哺乳动物、植物、鸟类、昆虫、鱼类、微生物等各个领域。此系统的工作原理是 crRNA（CRISPR–derived RNA，crRNA）通过碱基配对与 tracrRNA（trans–activating crRNA，tracrRNA）结合形成 crRNA/tracrRNA 复合物，该复合物进一步与 Cas9 核酸酶结合并指引切割与 crRNA 匹配的靶向 DNA，最终导致 DNA 双链断裂（double strand break，DSB），触发细胞自身的非同源末端连接（non–homologous end joining，NHEJ）或同源重组（homologous recombination，HR）机制修复 DNA。在修复的过程中往往会产生 DNA 的插入或缺失（indel），造成移码突变，致使基因功能丧失，从而实现基因敲除。通过人工设计 crRNA 和 tracrRNA 这两种 RNA，改造形成具有引导作用的 RNA（single guide RNA，sgRNA），该 RNA 包含与靶 DNA 互补的一小段核苷酸序列（约 20 个）以及与 Cas9 结合所需要的二级结构序列，可以在细胞内引导 Cas9 蛋白对靶向 DNA 进行定点切割（图 35–1）。

本实验选择绿色荧光蛋白（GFP）基因为靶向检测基因，通过转染引入细胞，该基因的表达产物在荧光显微镜一定波长下呈现绿色，检测方便易行，耗时短，并可以对这种技术进行较好的验证和结果分析。（实验中使用的 CRISPR/Cas 系统详情见网上资源“延伸阅读 35–1”）

二、实验目的

1. 了解 CRISPR/Cas 系统定点敲除靶向序列和细胞转染的基本原理。
2. 学习在细胞中验证基因编辑技术的基本操作方法。

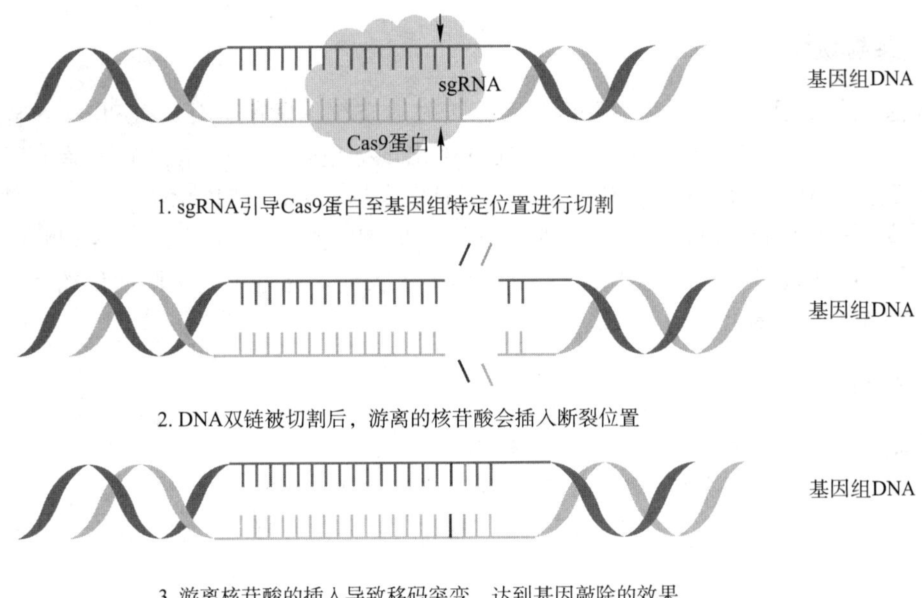

图 35-1　CRISPR/Cas9 系统工作原理

三、实验材料

HEK293 细胞：来自人肾上皮细胞系，转染效率高，是表达研究外源基因常用的哺乳动物细胞。

四、实验器具和试剂

1. 器具

制冰机，荧光倒置显微镜，超净工作台，酒精灯，酒精棉球，微量移液器（10～1 000 μL），移液管，离心管，吸头，乳胶手套，口罩。

2. 试剂

（1）75% 乙醇：量取 75 mL 无水乙醇于 25 mL 蒸馏水中，配制成 100 mL 75% 的乙醇，用于制作酒精棉球。

（2）pCas9/gRNA 质粒：可在哺乳动物细胞中同时表达人源化 Cas9 和 gRNA，只需转染一个质粒就能实现对靶基因的切割。含有靶序列 CTTCGAATTCTGCAGTCGA，可识别 *pTYNE EGFP* 基因上游特定序列。（pCas9/gRNA 质粒详情见网上资源“延伸阅读 35-2”）

（3）pTYNE 质粒：含有起始密码子发生移位突变的 EGFP 蛋白，正常情况下不能有效表达，不出现绿色荧光，当被 Cas9/gRNA 复合物定点切割后，可产生荧光。通过荧光细胞数量的多少，可以反映基因敲除效率的高低。（pTYNE 质粒详情见网上资源“延伸阅读 35-3”）

（4）其他商品化试剂：10% 胎牛血清 DMEM 培养液（Dulbecco’s modifed eagle medium），Opti-MEM 低血清培养液，脂质体 2000 转染试剂（Lipofectamine 2000），PBS，1× 通用缓冲液。

五、实验说明

实验选用的是已对 EGFP 蛋白基因进行修饰过的质粒，只有运用 CRISPR/Cas9 敲除部分序列后，才能表达出正常的 EGFP 蛋白，使细胞出现绿色荧光。载体 pTYNE 含有起始密码子移位突变，在未发生 DNA 剪切和突变时不能有效表达 EGFP 蛋白，不出现荧光，当 pCas9/gRNA1 载体表达出的 Cas9/gRNA 复合物实现对 pTYNE 质粒的切割后，DNA 断裂引发的 NHEJ 作用即可实现对 EGFP 蛋白的修复，从而产生荧光。通过荧光细胞数量的多少，可以反映基因敲除效率的高低。

六、实验步骤

1. 冻存 HEK293 细胞的复苏（参见实验 34）

（1）将液氮罐中的冻存细胞取出，迅速置于 37℃水浴。

（2）冻存细胞全部融化后，立即用毛细滴管将其从冷冻管吸出，加入到含 10 mL 10% 胎牛血清 DMEM 培养液的离心管中，1 000 r/min 离心 5 min，弃培养液，加入 10 mL 10% 胎牛血清 DMEM 培养液重悬细胞并轻轻均匀打散，最后将细胞悬浮液转移至培养瓶中。

（3）第二天显微镜下观察细胞，如细胞生长良好、形态正常，则说明复苏成功，换新鲜培养液继续培养。

2. HEK293 细胞的传代培养及接种（参见实验 34）

（1）复苏后每天观察细胞，贴壁细胞形态正常，细胞连片率在 80% 以上时传代。

（2）超净工作台中，将贴壁细胞培养瓶中的培养液倒去。

（3）贴壁细胞加适量 PBS 轻摇 5 次洗涤细胞生长面，然后将 PBS 倒去。

（4）贴壁细胞加适量胰酶消化约 1 min，消化过程中可手持培养皿转动，使消化液充分接触培养皿，直至细胞完全消化下来。

（5）贴壁细胞加含 10% 胎牛血清的 DMEM 培养液 10 mL，用刻度吸管吹打十次，将瓶壁的细胞冲下来，使细胞分散均匀。

（6）贴壁细胞经离心，倒去上清液，加入 DMEM 培养液 1 mL，用刻度吸管吸打细胞十次以混匀细胞。

（7）分别按 10 倍、50 倍、100 倍稀释后，置血细胞计数板内计数。

（8）血细胞计数板计数，血细胞计数板的四个角有 16 个大分格，细胞计数时按照“数上不数下，数左不数右”的原则，计数四个角共 64 个大分格中的细胞总数。细胞密度（细胞数 /mL）=（细胞总数 /4）× 稀释倍数 ×10 000，三次计数结果取均数作为母液细胞密度。

（9）转染前一天接种细胞至 35 mm 培养皿，接种密度约为 5×10^5 个 /mL，37 ℃，5% CO_2，CO_2 培养箱中培养。次日待细胞生长至 60% ~ 80% 瓶底面积时，做转染试验。

（10）学生实验当天，检查 35 mm 培养皿中细胞生长情况，并换新鲜的细胞培养液。

3. 用 Lipofectamine 2000 转染质粒

（1）转染实验分组设计，包括实验组和对照组。

实验组共转染 pTYNE 和 pCas9/gRNA 质粒；对照组只转染质粒 pTYNE，检测正常转染情况下该质粒的表达情况。挑选两皿合适密度和状态的 HEK293 进行实验。

（2）按照下表配制转染体系，每个实验组分别需要配制反应管 A 和反应管 B。

	Opti-Mem	Lipo2000	pTYNE（100 ng/μL）	pCas9/gRNA（100 ng/μL）
实验组　管 A	250 μL	—	5 μL	5 μL
实验组　管 B	250 μL	5 μL	—	—
对照组　管 A	250 μL	—	5 μL	—
对照组　管 B	250 μL	5 μL	—	—

（3）分别将对照组和实验组的反应管 A 和反应管 B 轻轻颠倒混匀，不要振荡，室温下放置 20 min，以便形成质粒与 Lipofectamine2000 的转染复合物。

（4）待混合液放置 18 min 时，将 35 mL 细胞培养皿中的培养液倒去，轻轻加入 1 mL 新鲜 DMEM 培养液，避免将贴壁细胞吹起。

（5）将对照组和实验组混合后形成的复合物轻柔地滴加于细胞上。

（6）轻轻摇晃培养皿以混合转染液体与培养基，然后将细胞送入细胞培养箱继续培养。

（7）36 ~ 72 h 后利用倒置荧光显微镜进行实验观察。

七、实验结果

使用荧光倒置显微镜观察绿色荧光蛋白的表达变化情况，评价 CRISPR/Cas9 系统敲除特定靶 DNA 序列后 GFP 表达的效果。

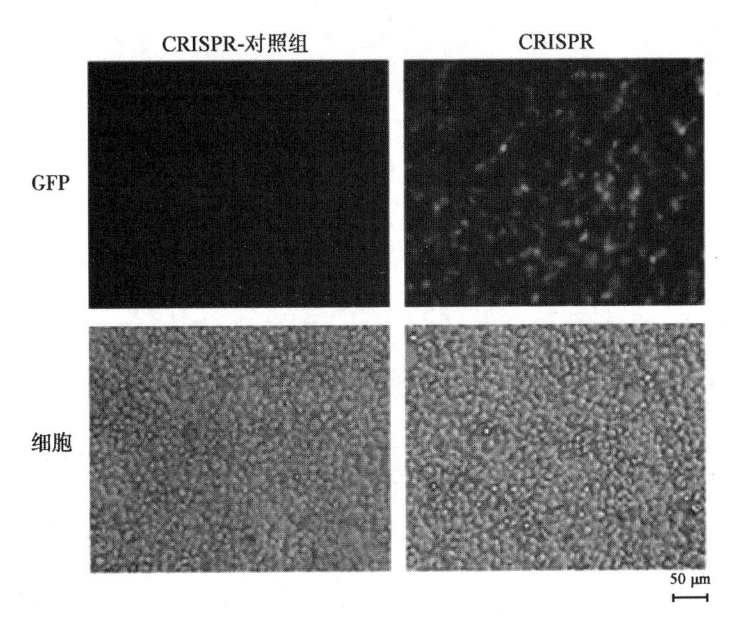

图 35-2　利用 CRISPR/Cas9 敲除 HEK293 细胞中 pTYNE 质粒上特定的 DNA 序列后 GFP 蛋白表达的实验照片

CRISPR- 对照组：CRISPR/Cas9 敲除对照组；CRISPR：CRISPR/Cas9 敲除实验组

八、实验建议

1. 避免污染：学生进入细胞房的操作要严格遵守细胞房的要求，戴帽子、手套、鞋套和口罩，人多的情况下尽量避免交流，以防给细胞房带来污染。

2. 采用健康的细胞培养物和规范操作，以确保转染的重复性：健康的细胞转染效率较高。有的 HEK293 细胞贴壁性能不是很好，加转染复合物时一定要轻柔，避免造成细胞从培养板上脱离。

九、思考题

1. 采用 CRISPR/Cas9 系统敲除 *GFP* 基因，使其不能表达时，这种改变是否可以遗传？为什么？

2. 还有哪些方法可以使基因的表达失活？

参考文献

1. Cong L，Ran F A，Cox D，*et al*. Multiplex genome engineering using CRISPR/Cas systems. Science，2013，339（6121）：819–823.

2. Ran F A，Hsu P D，WRIGHT J，*et al*. Genome engineering using the CRISPR–Cas9 system. Nature Protocols，2013，8（11）：2281–308.

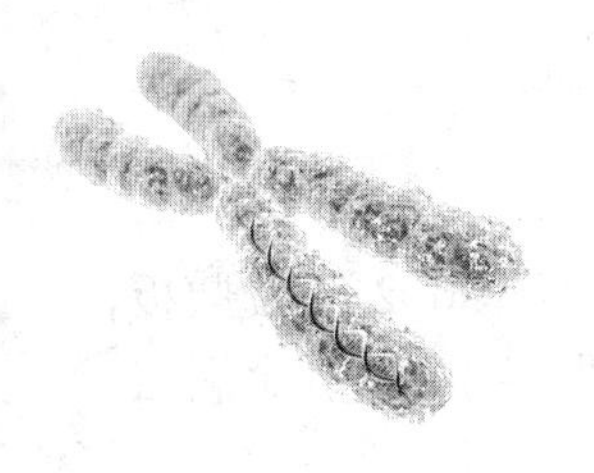

实验 36 利用微流控荧光芯片技术快速鉴定转基因材料

一、实验原理

随着基因工程技术的发展，转基因植物已广泛应用于现代农业生产中。据国际农业生物技术应用服务组织（International Service for the Acquisition of Agri-biotech Applications，ISAAA）发布的报告显示，自 1983 年第一例转基因植物问世以来，目前全球已有 29 个国家进行了包括玉米、棉花、大豆、油菜和其他作物在内的转基因作物的种植，且总种植面积一直呈上升趋势。

一方面转基因作物的种植面积逐渐扩大，另一方面社会对转基因安全性的争论愈演愈烈。转基因作物具有品质好、产量高、营养丰富和抗病虫害等优点，但是有些转基因作物品种对生态环境和食品安全也存在潜在的风险。因此，在转基因作物的种植和粮食的进口方面必须加强监管，提高对转基因作物的甄别能力。

相较于常规实验室分子检测，微流控技术可将样品多个检测步骤集中到几平方厘米的芯片上，使得整个检测小型化、自动化，此外还能极大地减少样品以及试剂用量，缩短反应时间，并具有多目标、多靶点同时检测的能力。

将提取的 DNA 模板加入微流控芯片中，放入带有实时荧光检测的微流控芯片恒温扩增核酸分析仪中，进行恒温扩增。样本中含有的目的 DNA 片段得到恒温扩增后，根据实时荧光信号出现的位置和时间，通过一次加样即可判断样本是否是大豆以及该大豆是否含有相对应的转基因成分，实现大豆中高度保守的持家基因（house-keeping gene）和特异性转基因的同时检测。

二、实验目的

1. 简单了解环介导等温扩增的原理。
2. 学习并掌握微流控芯片 DNA 引物预埋技术。
3. 学习并掌握大豆 DNA 提取技术。
4. 掌握利用微流控芯片恒温扩增核酸分析仪实现转基因大豆的快速检测技术。

三、实验材料

转基因大豆粉和非转基因大豆粉。

四、实验器具和试剂

1. 器具

微流控芯片恒温扩增核酸分析仪（图36–1），离心盘式微流控芯片（图36–2），刮膜板，芯片贴膜（前后共两片），烘箱，涡旋震荡仪，微量移液器，高速离心机，离心管，金属浴，Eppendorf管，吸头（实验前准备吸头和EP管，并灭好菌待用）。

2. 试剂

核酸引物混合液（1号：大豆通用引物；2号：转基因引物），DNA提取液和反应液。

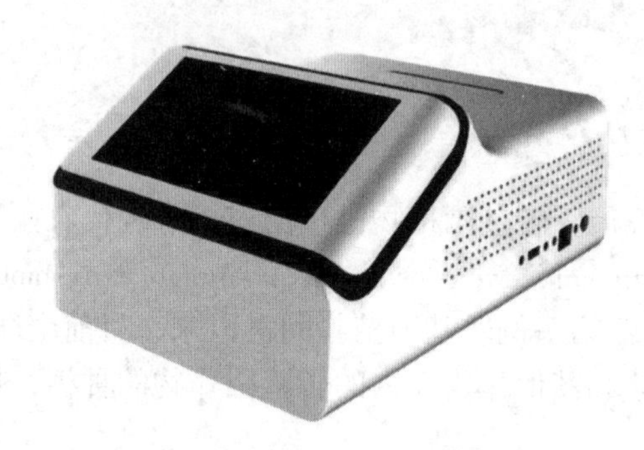

图36–1　微流控芯片恒温扩增核酸分析仪示意图

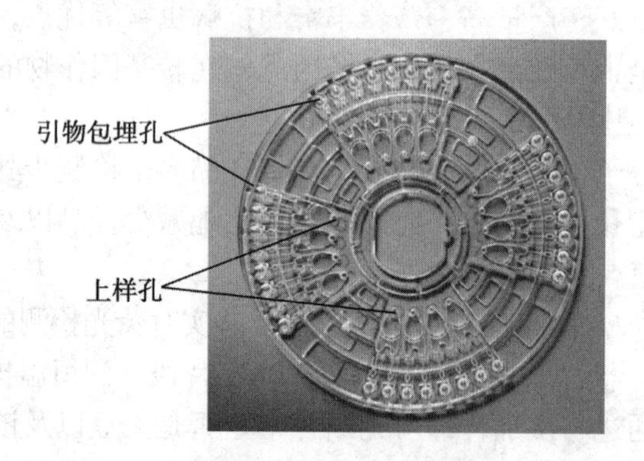

图36–2　离心盘式微流控芯片（16样品、2通道）

五、实验步骤

1. DNA引物芯片内预埋

（1）将DNA引物混合液加入到4通道芯片背面孔中（1号孔加入大豆通用引物，3号孔加入转基因引物，每孔1.5 μL，其余孔不加），引物和荧光染料按体积比7∶8混合，之后在烘机上60℃烘10 min，同时膜也烘热，烘15 s，烘热时用物体压平。

（2）将加热后的贴膜贴至芯片背面，用压板刮膜，使之贴合紧密。

2. 样品前处理（核酸提取）

采用DNA提取液进行样本前处理。实验前，将各试剂于室温下溶解，充分混匀并短暂离心后使用。具体操作步骤如下：

（1）称取大豆粉末 5 mg 放入离心管中。

（2）加入 200 μL 裂解液，混合均匀。

（3）99℃加热 10 min。

（4）冷却至室温，然后每孔加入等体积稀释液，充分混匀并快速离心，12 000 r/min，离心 2 min，上清液即为核酸提取液。将上清液稀释 10 倍（10 μL + 90 μL DEPC 水），稀释是为了防止杂质过多，影响扩增。或 −20℃保存备用。

3. 反应液配制

从 −20℃冰箱中取出试剂盒，将各试剂于室温下溶解，充分混匀并短暂离心后使用。取 *N* 个（*N*= 待检测样本数）离心管，每管按照要求配制混合液，如下表。

反应液配制表（每上样孔）

反应液组分（已混）	加量 /μL
工作液	67
酶液	3
总体积	70

4. 加样

取出 3 μL 收集得到的大豆 DNA，加入到 12 μL 反应液中，旋涡振荡混匀，瞬时离心，全部取出加入到微流控芯片上样孔中，用膜封住上样孔。

5. 恒温扩增

（1）开机：打开微流控实时荧光恒温扩增仪的电源，显示屏亮，界面显示用户登录，点击登录，进入操作主界面操作。

（2）参数设定：63.5℃；30 min；低速 1 500 r/min，10s；高速 4 500 r/min，15 s。

（3）运行仪器：按下“开始运行”键开始运行，仪器运行阶段栏显示运行状态，反映空温度栏显示温度，转速栏显示转速，剩余时间栏显示剩余时间，荧光曲线栏显示反应孔检测的实时情况。

六、实验结果

反应完毕后，设置阈值，一般情况设置为 200（可根据实际情况进行调整，设定原则以阈值线刚好超过非典型 S 型扩增曲线的最高点，且 Ct 值显示为 Undet），仪器配套软件自动分析结果。

结果判断

成分测试孔 Ct 值	结果判断
Ct<30，且有明显扩增曲线	样本中含有目标核酸
Ct 值≥30（或显示为 undet），无明显扩增曲线	样本中未含有目标核酸

转基因大豆样本的检测结果如图 36–3 所示。采用大豆通用引物分别对转基因及非转基因大豆样本进行检测，荧光强度值在反应 7.15 min 左右时均出现了指数级上升，提示其检测

结果为阳性；采用转基因大豆特异性引物分别对转基因及非转基因大豆进行检测，转基因大豆样本在反应15 min左右时即出现了指数级上升，获得阳性检测结果，而非转基因大豆样本未出现荧光信号的指数级增强，提示检测结果为阴性。

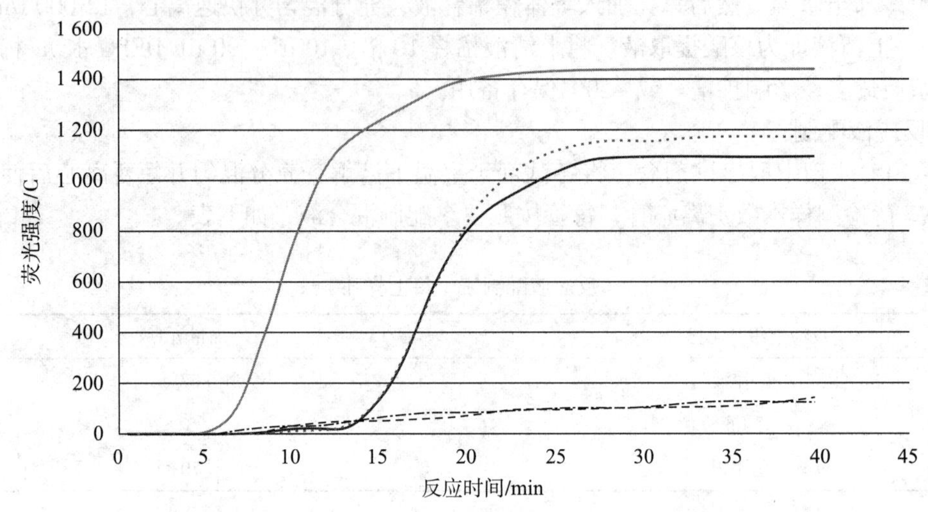

图36-3　微流控荧光技术快速鉴定转基因大豆实验检测结果

七、注意事项

1. 试剂使用前应在室温充分融化，混匀并瞬时低速离心。

2. 样本需要充分均质，加样前应在室温充分融化、混匀并瞬时低速离心后使用。

3. 所有液体的混匀都要在振荡器上进行，不能用移液器吹打。

4. 反应液分装时尽量避免产生气泡，用膜封住上样孔一定要紧致，防止挥发漏液，避免对仪器及环境的污染。

5. 本实验的检测样本产物应视为具有污染性物质，操作和处理均需符合生物安全及废弃物处理相关要求。

八、思考题

1. 如何通过实验结果判断样品为转基因大豆或非转基因大豆？

2. 如何区别、判断假阴性结果？

参考文献

1. Wong Y P，Othman S，Lau Y L，*et al*. Loop-mediated isothermal amplification（LAMP）：a versatile technoque for detection of micro-organisms. Journal of Applied Microbiology，2016，124：626-643.

2. Notomi T，Okayama H，Masubuchi H，*et al*. Loop-mediated isothermal amplification of DNA . Nucleic Acids Research，2000，28（12）：e63.

附　录

Ⅰ　果蝇的饲养

果蝇具有生活史短、繁殖率高、饲养简便等特点，是研究遗传学的好材料，尤其在基因分离、连锁、交换等方面，对果蝇的研究更是广泛而充分。（网上资源“视频Ⅰ　果蝇的生活习性与培养”）

一、果蝇的生活史

果蝇（*Drosophila melanogaster*）属于昆虫纲，双翅目，与家蝇是不同的种。它的生活史包括卵→幼虫→蛹→成虫。

果蝇的生活周期长短与温度关系很密切，30℃以上的温度能使果蝇不育和死亡，低温则使它生活周期延长，同时生活力也减低，果蝇培养的最适温度是20～25℃。

	10℃	15℃	20℃	25℃
卵→幼虫	159		8天	5天
幼虫→成虫	57天	18天	6.3天	4.2天

从表中可以看出，25℃时，从卵到成虫约10天。在25℃时，成虫约活15天。果蝇一般是培养在恒温箱内，盛夏时要注意降温。

果蝇有雌雄之分，幼虫期区别较难，成虫区别容易（图1）。雄性的腹部环纹5节，末端钝而圆，颜色深。第一对足的跗节前端表面有黑色鬃毛流苏，称性梳（sex comb）。雌性腹部环纹7节，末端尖，颜色浅，跗节前端无黑色鬃毛流苏（图2）。

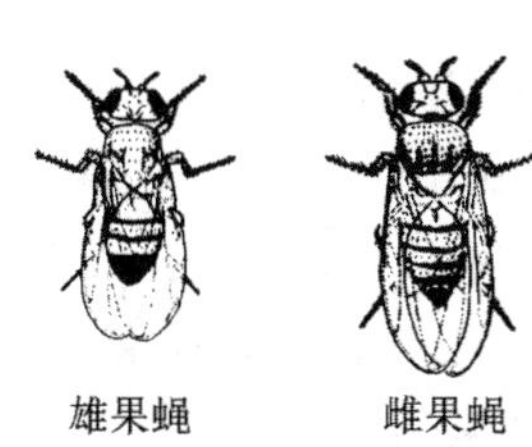

图1　雌、雄黑腹果蝇外形图

图2　雄果蝇的性梳

二、果蝇的繁育

果蝇在水果摊或果园里常可见到，但它并不是以水果为生，而是食生长在水果上的酵母菌，因此实验室内凡能发酵的基质，均可作为果蝇饲料。目前果蝇饲料较好的配方如下：

A：糖 6.2 g，加琼脂 0.62 g，再加水 38 mL，煮沸溶解。

B：玉米粉 8.25 g，加水 38 mL，加热搅拌均匀后，再加 0.7 g 酵母粉。

A 和 B 混合加热成糊状后，加 0.5 mL 丙酸，即可分装到培养瓶中。

除了以上的饲料外，常用的还有米粉饲料和香蕉饲料。

1. 米粉饲料：琼脂 0.9 ~ 2.5 g 加入 100 mL 水中，加热煮沸，溶解；再加 10 g 红糖，待溶解后将 8 g 米粉（或麸皮）倒入正在煮沸的琼脂 – 红糖溶液中去，不断搅拌煮沸数分钟，待成稀粥状后即可分装使用。

2. 香蕉饲料：将熟透的香蕉捣碎，制成香蕉浆（约 50 g）。将 1.5 g 琼脂加到 48 mL 的水中煮沸，溶解后拌入香蕉浆，再煮沸后即可分装。

以上两种饲料容易生真菌，必要时需加少量防霉剂。

培养果蝇的饲养瓶，常用的有牛奶瓶和大中型指管，用纱布包裹的棉花球作瓶塞（有条件的地方可改用泡沫塑料作瓶塞）。饲养瓶先消毒，然后倒入饲料（2 cm 厚），待冷却后，用酒精棉擦瓶壁，然后滴入酵母菌液数滴，再插入消毒过的吸水纸，作为幼虫化蛹时的干燥场所。

三、果蝇处理

对果蝇进行检查时，可用乙醚麻醉，使它保持静止状态。因果蝇对乙醚很敏感，易麻醉，麻醉的深度看实验要求而定（作种蝇以轻度麻醉为宜，做观察可深度麻醉，致死也无妨。果蝇翅膀外展 45° 表示已死亡）。麻醉后的果蝇放在白瓷板上检查，完毕后倒入煤油或酒精瓶中（死蝇盛留器）。

四、原种培养

在作为新的留种培养时，事先检查一下果蝇有没有混杂，以防原种丢失。亲本的数目一般每瓶 5 ~ 10 对，移入新培养瓶时，须将瓶横卧，然后将果蝇挑入，待果蝇清醒过来后，再把培养瓶竖起，以防果蝇粘在培养基上。

原种每 2 ~ 4 周换一次培养基（按温度而定），每一原种培养至少保留两套。培养瓶上标签要写明名称、培养日期等，作为原种培养，可控制到 10 ~ 15℃，培养时避免日光直射。

五、实验交配

果蝇雌体生殖器官有受精囊，可保留交配所得的大量精子，能使大量的卵受精，因此在做品系间杂交时，雌体必须选用处女蝇。雌蝇孵出后几小时内不会交配，所以把老果蝇除去后，几小时内所收集到的雌体必为处女蝇。由于雌蝇两天内不产卵，所以雄蝇可直接放到处女蝇培养瓶中（也可以放在盛有食物的小瓶中暂养两天，直到雌蝇将要产卵时放回培养瓶中）。贴好标签，写好交配日期。当子蝇即将孵化出来以前，也就是说 23℃培养 7 ~ 9 天，倒出亲本，以免子代和亲代混淆。另一方面应该注意，杂交的 F_1 代的计数安全期是自培养开始的 20 天内，因为再晚些时，F_2 也可能有了。

Ⅱ 果蝇的麻醉

果蝇是一种昆虫，一般总处于飞行或爬行状态，不便于观察和操作。因此，要对果蝇进行麻醉，使其静止下来，再进行后续操作。在果蝇麻醉后的操作过程要动作迅速，以免果蝇长时间处于麻醉状态后死亡。果蝇通常使用的麻醉方法有以下三种。

一、乙醚麻醉

用乙醚麻醉时，麻醉不够，果蝇会飞掉，麻醉过度会死亡，具体麻醉方法为：① 轻拍培养瓶，使果蝇落于培养瓶底部；② 右手两指取下培养瓶塞，将培养瓶与麻醉瓶紧密对接；③ 左手握紧两瓶接口处，倒转使培养瓶向上；④ 右手轻拍培养瓶将果蝇震落到麻醉瓶中；⑤ 分开两瓶，将瓶盖各自盖好；⑥ 将麻醉瓶的果蝇轻拍到瓶底，迅速拔出塞子，滴上几滴乙醚，重新塞上麻醉瓶，平放在桌面上；⑦ 半分钟后，观察果蝇，如果不再爬动，并在瓶壁上站不稳，麻醉完成。注意不能麻醉过度，如果果蝇的翅膀与身体呈 45° 角垂直翘起，表明麻醉过度，不能复苏而死亡。随后可将果蝇转移至白板上在体视显微镜下进行观察。如果果蝇在实验结束前有苏醒的迹象，可使用一个培养皿内贴一带乙醚的滤纸条罩住果蝇，麻醉补救再进行观察。使用乙醚麻醉果蝇的时候务必要注意做好个人防护。

二、冷冻麻醉

将培养瓶中的果蝇转移至一个新的空瓶中后，塞上瓶塞，直接置于冰上或 4℃冰箱中几分钟后，就可观察到果蝇失去了活动能力。然后，将果蝇转移至白板上进行观察或其他实验操作。冷冻麻醉法的操作简单方便，也是唯一一种不伤害果蝇神经系统的麻醉方法。其缺点是麻醉时间较短，果蝇苏醒较快，因此对果蝇的操作速度一定要快。果蝇如有苏醒迹象，需立刻将果蝇再次置于冰上或冰箱中冷冻麻醉。

三、气体麻醉

气体麻醉是目前实验室中最常用的果蝇麻醉的方法，使用的气体一般为二氧化碳（CO_2）或氮气（N_2）。果蝇有趋光向上的习性，在培养瓶中麻醉果蝇时，为了避免麻醉后的果蝇掉落在培养基上被粘住，需要使瓶口朝下，再将麻醉枪伸入果蝇瓶，缓慢释放气体，以免气压过大，使果蝇受损，果蝇在充满 CO_2 或 N_2 气体的环境中，很快被麻醉，失去活动能力后掉落在瓶塞上。然后将处于麻醉状态的果蝇倒在气体麻醉板上，进行下一步的实验操作。这种麻醉方法比较温和，维持的时间比较持久，可以对果蝇进行较长时间的操作。（详细实验操作见网上资源“视频Ⅱ”）

由于采用乙醚或 CO_2 麻醉会对果蝇神经系统造成一定的伤害，所以在做果蝇行为相关的实验之前，麻醉的果蝇至少要恢复 24 小时以上才能进行。

Ⅲ 处女蝇的挑选

处女蝇是指未交配的雌性果蝇。实验中挑选处女蝇做母本的原因是：雌性果蝇生殖器官有受精囊，可保存交配所得的大量的精子，能不断使产生的卵细胞受精，从而能较长时期产生大量的受精卵。因此，在做果蝇杂交实验的时候，雌果蝇必须是处女蝇，以此保证实验结果的可靠性。

处女蝇挑取时应注意：在25℃条件下，雌果蝇自羽化开始10小时之内尚未成熟，无交配能力。因此，收集10小时之内羽化出来的新果蝇，得到的雌果蝇应该全部是处女蝇。将培养瓶中的果蝇成虫全部除去后，培养时间如果超过10小时，则必需挑选刚刚孵化出来的，有明显标记的，年轻的雌性果蝇。刚刚孵化出的果蝇腹部会带有明显胎记（一块黑斑），英文名称为meconium，或者翅膀颜色发紫，呈不规则折叠状（图3）。雄蝇和雌蝇都可能具有这两种性状，因此必须要挑选雌蝇才行。

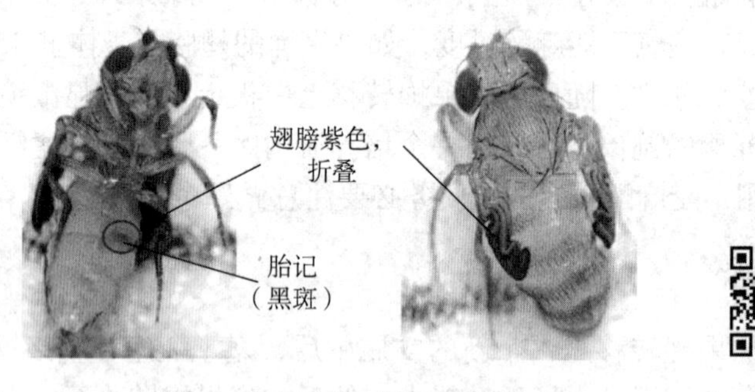

图3 翅膀未伸展的幼果蝇

雌雄果蝇则可通过果蝇腹部腹面末端的外生殖器结构来进行鉴别，其中雄性果蝇为金黑色，且多毛状结构，雌性果蝇颜色较浅（图4黑圈所示）。

刚从蛹中孵出的雌蝇身体比较柔软，颜色偏浅，呈透明状，腹部椭圆，翅膀折叠，腹部有明显胎记，接触CO_2后，体型逐渐修长，成正常化。

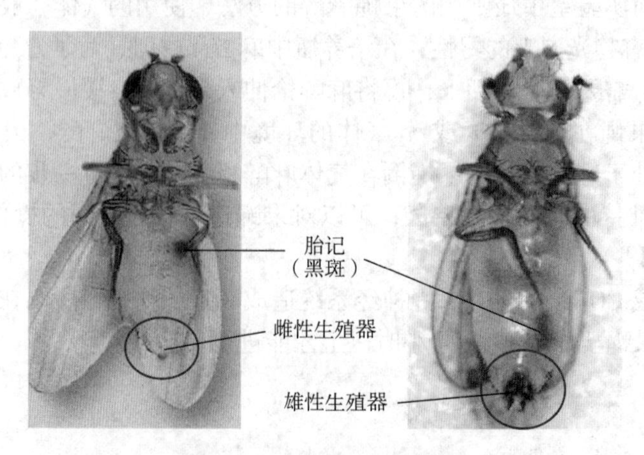

图4 刚刚孵化的雌雄果蝇

实验中，挑取处女蝇应注意：处女蝇应优先从虫卵、幼虫较多的瓶子中挑选。挑取处女蝇应当集中在一个时间段，快速挑选足够的母本。果蝇的雌雄幼虫的生长、成熟时间可能存在偏差。因此有时出现培养瓶中没有处女蝇的孵化，属正常现象。处女蝇挑选完3天后观察瓶中是否有产卵现象，如果产卵，则必须重新筛选！

处女蝇挑选的优化流程如下：果蝇传代至新的培养瓶→培养直至培养瓶充满虫卵和幼虫→移除/弃置所有成虫→在25℃培养条件下，10 h以内，挑选所有的雌虫（如果超过时间，则挑选未展开翅膀的年轻的雌虫）→转移/弃置所有其他成虫→观察处女蝇的培养瓶3天，考查是否有产卵现象。不断重复以上弃置挑选步骤，直至挑选足够的处女蝇母本。

Ⅳ 体式显微镜（解剖镜）的使用方法

体式显微镜又称实体显微镜、解剖显微镜，可以从不同角度观察物体，引起立体感觉的双目低倍显微镜，便于对实验对象直接进行操作和解剖。体式显微镜的结构如图5所示。

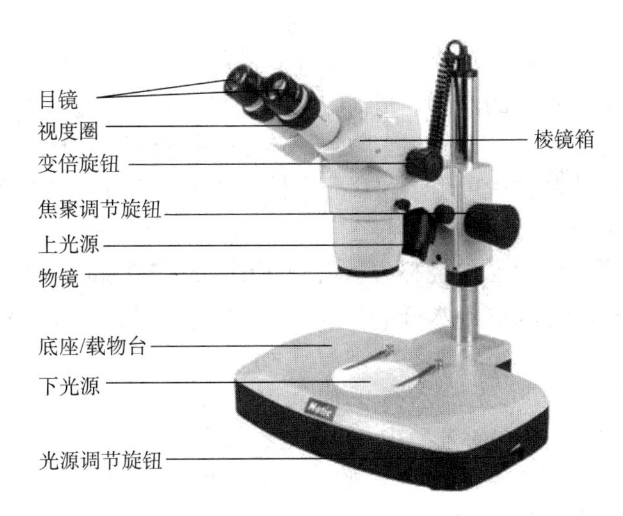

图5 体式显微镜的结构

1. 调焦及视度补偿

（1）转动左、右目镜筒上的视度圈使视度圈上位于“+”“-”号之间的圆点对准目镜筒上的刻线。

（2）先用右眼从右目镜筒中观察。将变倍旋钮旋至最低放大倍数，转动焦距调节旋钮对标本进行粗调焦，待标本的像基本清晰后，再把变倍旋钮旋至最高放大倍数，重新调焦至图像完全清晰。

（3）将变倍旋钮旋回最低放大倍数，仍从右目镜中观察，若像不清晰，调节右目镜筒上的视度调节圈至图像清晰，再将变倍旋钮旋至最高放大倍数，重新转动焦距调节旋钮至图像完全清晰，再将倍数变至最小，看图像是否清晰，如果清晰即可，如果不清晰，重复上述过程，不断调节视度圈的不同位置，直到最低最大倍和最高放大倍图像同时清晰为止。

（4）将变倍旋钮旋至最高放大倍数，用左眼从左目镜中观察同一标本，若像不清晰，应调节左目镜筒上的视度调节圈到像面完全清晰为止。

（5）显微镜的齐焦及视度调节调整完毕后，左右目镜在高低放大倍时均能看到清晰的图像。

注意：由于每个人的视力及适应能力有所不同，因此，不同人员或者同一人员在不同时间使用同一台显微镜时，应分别进行齐焦调整，以保证获得最佳的观察效果。

2. 瞳距调节

（1）当用显微镜进行观察时，由于人的双眼距离有大有小，所以每个观察者需要根据自己的双眼距离来调整显微镜的目镜之间的距离，这个过程叫作瞳距调节。

（2）调节瞳距时，先转动左右棱镜箱，使两目镜距离处于最大位置。然后将双眼靠近显微镜，慢慢转动左右棱镜箱，使目镜距离朝小的方向变化，当双眼均能清楚地看到视场的圆形边界、并且眼睛没有不舒服的感觉时，说明瞳距已调节好，此时视场内的物体成像清晰、立体感强。

Ⅴ 植物根尖染色体压片制备

染色体作为遗传物质，对生物的遗传、变异、进化和个体发生以及细胞增殖和生理过程的平衡控制等都具有十分重要的作用。当细胞处于分裂状态时，染色质高度浓缩，可以在光学显微镜下清楚地看到染色体。因此，实验时一定要取植物细胞处于分裂状态的部分。

植物根尖染色体压片制备后可用于观察研究植物中期染色体的数目和形态。实验材料通常选用洋葱或蚕豆根尖，其操作过程如下：

（1）将洋葱或蚕豆置于盛水的烧杯中，待根长到1.5 ~ 2.0 cm时切下根尖，用0.2 g/L秋水仙碱溶液预处理3 ~ 4 h，或放入冰箱（0 ~ 4℃）中预处理24 h。阻碍纺锤体的形成，使染色体变短，利于压片时分散开观察。

（2）用Carnoy液（300 mL无水乙醇中加入100 mL冰醋酸混匀，现配现用）中固定24 h。固定好的材料可以转入70%乙醇中，在4℃冰箱中保存近两个月。

（3）从固定液中取出根尖，用蒸馏水漂洗干净，放入1 mol/L HCl中，然后在60℃水浴中恒温解离10 min，用蒸馏水反复冲洗后吸干。

（4）于载玻片上切取2 ~ 3 mm根尖分生组织，夹碎捣烂，滴加改良苯酚品红染色液8 ~ 12 min，使根尖着色。

（5）染色后盖上盖玻片，用钝头的用具敲打根尖，使材料分散压平，然后覆上一层吸水纸压片，镜检观察。

Ⅵ PCR扩增中DNA序列的引物设计

寡核苷酸引物（oligonucleotide primer）简称引物（primer）的设计是PCR实验中至关重要的一环。引物设计遵循基本的碱基互补配对原则，即上下游引物分别与待检测基因或模板的相应序列互补配对。在确定引物序列后，通过化学合成的方法将碱基按照顺序进行组合即可获得PCR反应所需的引物。虽然引物的序列需按照模板进行设计，但引物序列并非必须严格对应于模板的碱基序列。一般地，引物3′末端应该与模板序列严格配对而5′端则可以引入如限制性内切酶位点在内的非互补配对序列。

在PCR实验中引物的性质和质量会影响PCR反应的条件和反应效率。引物设计中两个重要的参数是溶解温度（melting temperature，T_m）和自由能（ΔG）。溶解温度指的是反应中50%的模板与引物之间互补结合形成双链DNA分子时的温度。一般T_m的范围是55～65℃。T_m的高低与引物长度以及引物中核苷酸的种类有关，引物越长，GC比例越高则引物对应的T_m越高。自由能是指DNA形成互补双链所需的自由能，反应的是DNA双链的稳定性。自由能通常为负数，表示DNA双链的配对可自发进行，该值越大表示DNA双链越稳定。因此ΔG负值较大会降低引物与DNA模板的结合效率从而降低PCR反应整体效率。

引物的长度在不同的PCR实验中选择有所不同。对于较短的（一般小于10 kb）DNA模板，引物可选择18～22 bp；而对于扩增如基因组DNA或cDNA文库等较长的模板时，引物长度可增长至约30 bp。较短的引物容易出现错配、非特异扩增等问题，而超过30 bp的引物在PCR反应中杂交效率较低。

另外需要注意的是引物自身的结构也会影响PCR反应。在设计引物时要避免引物自身产生二级结构如发卡结构（hairpin）以及引物之间的二级结构如二聚体（dimer）、发卡（hairpin）等。目前，大多数商用的引物设计软件，包括Primer Premier、Vector NTI、Snapgene等均可提供对引物二级结构的预测，从而使引物设计更加简单方便。

实验中常见的PCR反应可分为普通PCR（Standard PCR）、多重PCR（Multiplex PCR）以及一步法荧光定量PCR（One-step RT-PCR）等。对于不同的PCR实验，引物的设计应遵循以下规则：

	普通 PCR	多重 PCR	一步法荧光定量 PCR
长度	18～30 nt	21～30 nt	18～30 nt
GC 含量	40%～60%	40%～60%	40%～60%
引物 T_m 值条件	各引物的 T_m 保持一致	各引物的 T_m 尽量一致，在 60～85℃范围内	引物对的 T_m 应保持一致
退火温度	T_m–5℃	T_m 68℃以上时：T_m 减去 5～8℃； T_m 60～67℃时：T_m 减去 3～6℃。	T_m–5℃
引物位置			跨外显子（前一个外显子的 3′ 末端到下一个外显子的 5′）
引物浓度	0.1～1 μmol/L	0.1～1 μmol/L	0.1～1 μmol/L

另外，对于所有的PCR引物设计时应都注意以下几点：

（1）T_m的计算：T_m = 2℃ ×（A + T）+ 4℃ ×（G + C）；

（2）引物的3′末端应避免互补，以防止形成引物二聚体；

（3）引物的3′末端应避免错配；

（4）引物的3′末端应避免连续多个G或多个C，最后一个碱基不要使用A–T；

（5）对于一般的PCR反应，引物的终浓度大约在200 nmol/L时较为适宜；

（6）对于引物的干粉在使用ddH_2O或者TE缓冲液溶解前应瞬离5 s，配制100 μmol/L的储液置于 –20℃待用；

（7）长时间未使用的引物可以使用琼脂糖凝胶电泳进行质量检测，如仅有单条条带则表示仍可继续使用。

下面以人源 *GAPDH* 基因为例，利用引物设计软件 Primer Premier 设计 PCR 引物，并使用 NCBI Primer Blast 对设计的引物进行验证。

1. 在 NCBI 数据库的 Nucleotide 中查找关键词 GAPDH，HUMAN。
2. 打开 Gene ID 为 2597 的基因页面（图 6）。

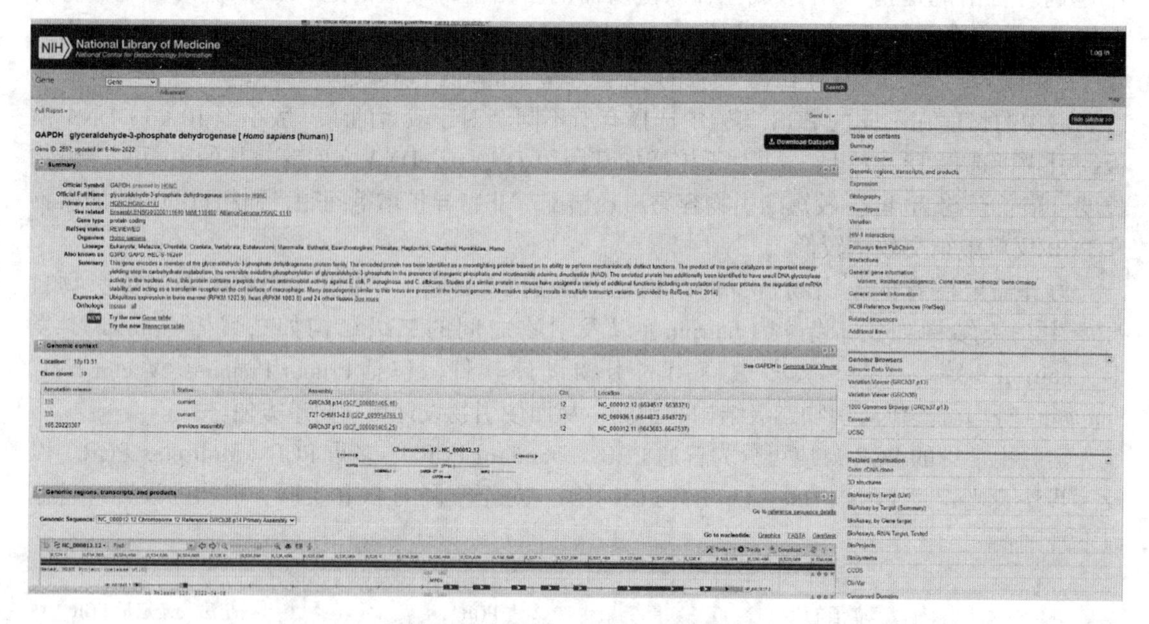

图 6　NCBI 基因 GAPDH 信息页面

3. 在页面中找到 NCBI Reference Sequences（RefSeq）的信息，此处我们要注意的是在 mRNA and Protein（s）中有多个转录本对应这一基因，一般情况下选择 NM_ 开头的即有官方注释（annotation）的转录本进行设计（默认可使用第一条，如有特殊需要可选择相应的转录本进行设计）。

4. 打开 NM_001256799.3 转录本对应的页面，在此页面的最后是此转录本对应的 mRNA 序列（其中 U 均由 T 代替），通过点选 Features 中的 CDS 选项可高亮显示此序列中对应 coding domain sequence 区域即编码区。

5. 打开 Primer Premier 6 软件，新建 Sequence，将 CDS 序列粘贴至此处更改备注后 Add 添加（图 7）。

6. 在 Analyze → Primer Search（或快捷键 Ctrl+M）中选择 Primer Parameter 调整引物的详细参数，如退火温度，引物长度以及产物长度等。

7. 调整好参数后点击 Search，软件将会自动生成一对引物，将引物 copy 至 NCBI 的 Primer Blast 网站，在 Primer Parameters 中分别将上下游引物粘贴至此，下方的 organism 处为 Homo sapiens（即人，如基因片段来自其他物种需进行更改），点击 Get Primers 后等待。

8. 在网页连续跳转几次后可得到 Blast 结果，如产物与待检测片段对应且无其他高相似度的基因干扰，这对引物可用于此目的基因的检测（图 8）。

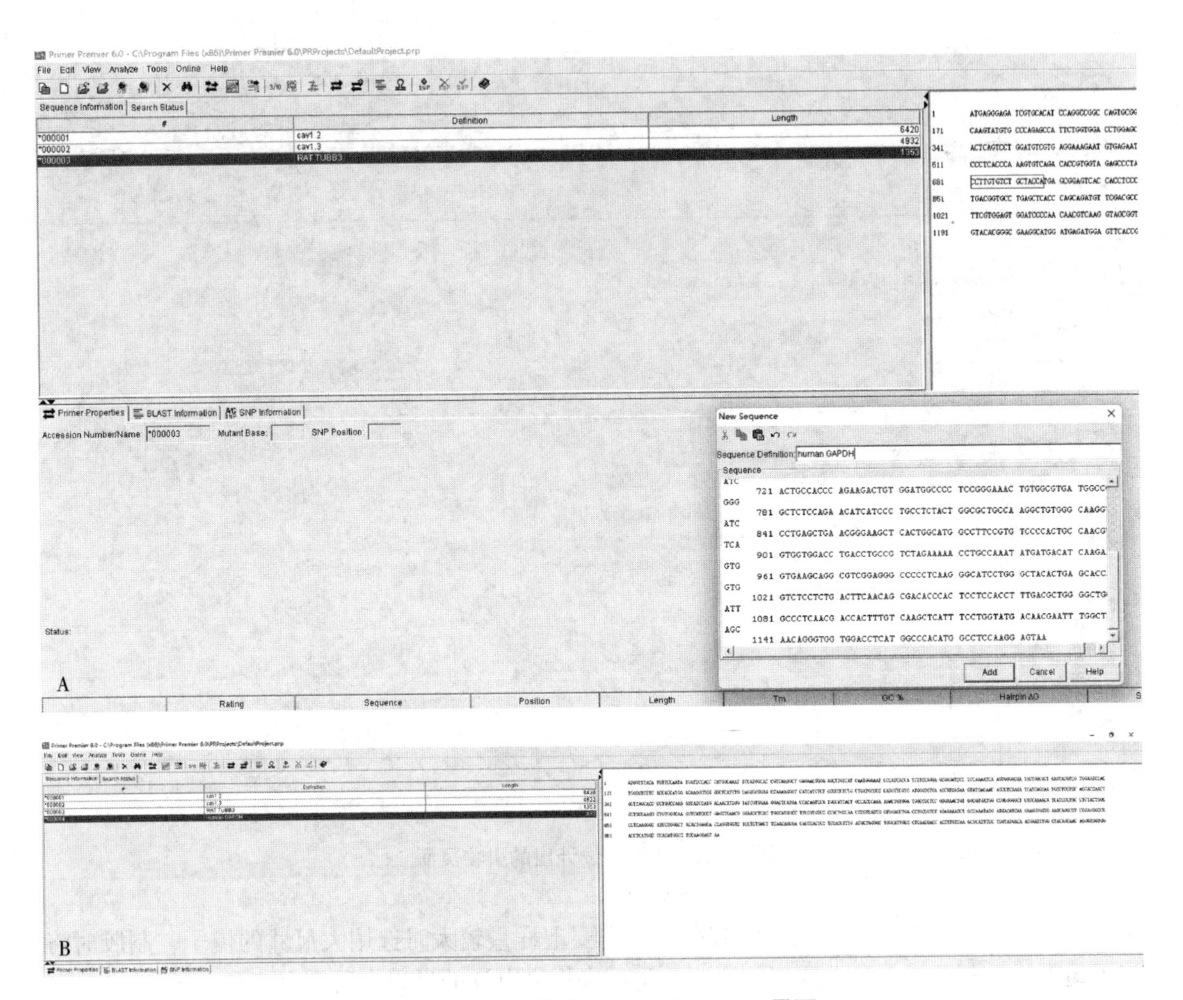

图 7 引物设计软件 Primer Premier 6 界面

Ⅶ 琼脂糖凝胶电泳

琼脂糖凝胶电泳是用琼脂糖作支持介质的一种电泳方法。其分析原理与其他支持物电泳最主要区别是：它兼有“分子筛”和“电泳”的双重作用。琼脂糖是从琼脂中提取的一种多糖，具亲水性，但不带电荷，是一种很好的电泳支持物。

琼脂糖凝胶具有网状结构，物质分子通过时会受到阻力，大分子物质在涌动时受到的阻力大，因此在凝胶电泳中，带电颗粒的分离不仅取决于净电荷的性质和数量，而且还取决于分子大小，这就大大提高了分辨能力。但由于其孔径相比于蛋白质太大，对大多数蛋白质来说其分子筛效应微不足道，现广泛应用于核酸的研究中。是常用于分离、鉴定和提纯 DNA 片段的标准方法。

琼脂糖凝胶电泳所需设备有：水平电泳槽，水平电泳槽两端分别接两个电极，其中红色的接正极，黑色的接负极，用于接通电源，使 DNA 在电压的作用迁移。制胶板分为外面的白色的托板和里面透明的制胶托，制胶的时候需要将透明的制胶托放入适合大小的白色的托板

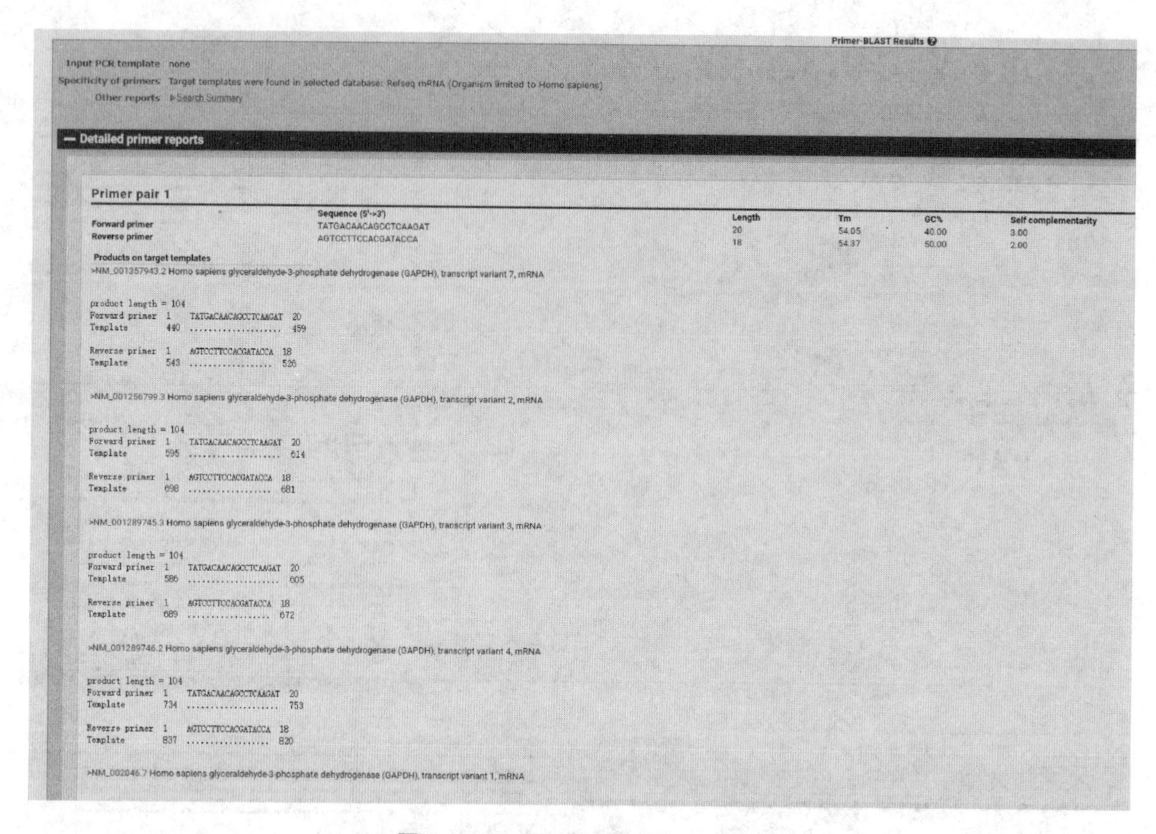

图8　NCBI网站设计出的引物页面

中。梳子，是用于制备相应大小的胶孔，当需要上样量较大时选用大尺寸的梳子，制胶时将梳子垂直插入制胶托中。电泳仪的电源，是用来提供电泳的过程中所需电流和电压。

在电泳时，电泳缓冲液的作用是：在电泳的过程中维持合适的pH，使电泳溶液具有一定的导电性，有利于DNA分子的迁移；电泳缓冲液中的EDTA可以螯合Mg^{2+}等离子，防止电泳时激活DNA酶。电泳时阳极与阴极都会发生电解反应，阳极发生氧化反应，阴极发生还原反应，长时间的电泳将会使阳极变酸，阴极变碱，好的缓冲体系有较强的缓冲能力，电泳缓冲液可以使溶液两极的pH保持基本不变。

常用的电泳缓冲液，主要有三种：TAE，TBE和TPE。TAE是目前使用最广泛的缓冲系统。回收DNA片段时也用TAE缓冲系统进行电泳。TAE的缺点是缓冲容量小，长时间电泳（如过夜）不可选用，除非有循环装置使两极的缓冲液得到交换。TBE的特点是缓冲能力强，长时间电泳时可选用TBE，并且电泳小于1 kb的片段时分离效果更好。TBE用于琼脂糖凝胶时易造成高电渗作用，并且因与琼脂糖相互作用生成非共价结合的四羟基硼酸盐复合物而使DNA片段的回收率降低，所以不宜在回收电泳中使用。TPE的缓冲能力也较强，但由于磷酸盐易在乙醇沉淀过程中析出，所以也不宜在回收DNA片段的电泳中使用。目前实验室中使用较少。

琼脂糖凝胶的制备时需使用相对应的电泳缓冲液，可以使琼脂糖凝胶电泳过程中的导电性和体系保持一致，跑出的DNA条带保持一致。琼脂糖凝胶的分辨能力要比聚丙烯酰胺凝胶低，但其分离范围较广。用各种浓度的琼脂糖凝胶可以分离长度为200 bp至近50 kb

的 DNA。

DNA 分子在凝胶缓冲液（一般为碱性）中带负电荷，在电场中由负极向正极迁移。DNA 分子迁移的速率受分子大小，构象，电场强度和方向，碱基组成，温度和嵌入染料等因素的影响。

利用低浓度的荧光嵌入染料 - 溴化乙锭等进行染色，可确定 DNA 在凝胶中的位置。如有必要，还可以从凝胶中回收 DNA 条带，用于各种克隆操作。

电泳结束后，利用凝胶成像仪进行观察和拍照，在紫外下观察 DNA 条带，拍照，输出照片。通过比较样品与一系列标准样品的荧光强度，可估算出待测样品的浓度。在操作时要注意紫外线对人体有损害，尤其对眼睛，操作时应注意有效防护。（琼脂糖凝胶的制作及电泳操作过程见网上资源“视频Ⅲ”）